被时光宠爱的 女子

车厘子／著

民主与建设出版社

© 民主与建设出版社，2017

图书在版编目（CIP）数据

做一个被时光宠爱的女子 / 车厘子著 . -- 北京：
民主与建设出版社 , 2017.11

　ISBN 978-7-5139-1783-4

　Ⅰ . ①做… Ⅱ . ①车… Ⅲ . ①女性 – 修养 – 通俗读物
Ⅳ . ① B825-49

　中国版本图书馆 CIP 数据核字 (2017) 第 268164 号

做一个被时光宠爱的女子
ZUOYIGEBEISHIGUANGCHONGAIDENVZI

出 版 人	李声笑
作　　者	车厘子
责任编辑	刘树民
封面设计	仙境
出版发行	民主与建设出版社有限责任公司
电　　话	（010）59417747　59419778
社　　址	北京市海淀区西三环中路 10 号望海楼 E 座 7 层
邮　　编	100142
印　　刷	三河市华润印刷有限公司
版　　次	2018 年 1 月第 1 版
印　　次	2019 年 2 月第 2 次印刷
开　　本	880 mm × 1230 mm　1/32
印　　张	10
字　　数	210 千字
书　　号	ISBN 978-7-5139-1783-4
定　　价	39.80 元

注：如有印、装质量问题，请与出版社联系。

若有才华藏于心，岁月从不败美人

2017 年，中国最大的直男聚集地虎扑论坛发起了一次步行街女神大赛，邱淑贞力压高圆圆、王祖贤、朱茵、黎姿、周慧敏、李嘉欣等经典美女，一路过关斩将，最终拔得头筹。

而这一年，邱淑贞已经 49 岁了。

没错，这是一个看脸的时代。在很多方面，颜值即代表正义。

邱淑贞虽年近五十，但皮肤紧致，气色红润，跟 15 岁的女儿同框形同姐妹，是个妥妥的"冻龄女神"。

然而，如果有人认为，她当选的原因仅仅是因为少女般的冻龄美貌，那就太小看直男的审美眼光了。

公众号里常有类似推文：一个女人过得好不好，全都写在脸上。

30 岁以前，女人的相貌是天生的，美不美都在于青春气息。所有女人总说，男人喜欢年轻的，年轻的女孩再不好看也难看不到哪里去。

30 岁以后，女人的相貌是由自己的选择决定的。想成为什么样的人，过什么样的人生，时光就会给你一副什么样的面孔。

现在这个时代，人人都懂得保养，年龄界限该推到 40 岁了。

四十在我们的传统文化里是知天命的年龄。乐天知命故不忧。由内而外闪着光彩的美人，时间会为她止步。

长久以来，生活磨难之于我们，并不会因外貌丑陋而得到长久摒弃，也并不会独独因为美貌而得到一生厚待，反而美人在迟暮时，让人产生的唏嘘叹惋之情比对普通平凡的人更深刻。

大多数人终究是平凡而普通的，命运的磨难却不一定平凡、普通地对待。

但总有一些我们听过、见过、看到过的女子，她们在生活和生命的严肃课题前，用智慧、坚韧等良好的心态活成花树般灿烂。

她们或有态度，如费雯·丽、莫妮卡·贝鲁奇、卓文君、蒋碧薇、孟小冬、刘嘉玲、孟庭苇等；

或有才气，如简·奥斯汀、凯特·温斯莱特、凯特·布兰切特、薛涛、林徽因、胡因梦、徐静蕾等；

或有生命力，如伊丽莎白·泰勒、华莉丝、中岛美嘉、董竹君、郭婉莹、钟楚红、惠英红等；

或真实不做作，如海伦·米伦、苏菲·玛索、泰瑞·海切尔、詹妮弗·安妮斯顿、张曼玉等；

有些人天生美貌，内外兼修，从不放弃自己，于是美美地活了一辈子。

也有人前半生浑浑噩噩，迷失自我，到后半生才越活越清醒，将自己活活变成了一个励志偶像，如玛丽莲·梦露、简·方达、伊丽莎白·赫莉等。

她们虽"悔悟"得较晚，但迟来的清醒总好过一辈子的跌跌撞撞。

重要的是，她们最终也活出了如格蕾丝·凯莉和奥黛丽·赫本般的，一个美人的终极状态——优雅，最挺拔最美的姿态，交出与美貌相得益彰的漂亮答卷。

而这些用于抵御命运的共性的特质，值得每一个女孩学习，从而成长为被时光长久宠爱的女子。

那些她们，曾经也许或倾城，或灵巧，或贤淑，或诗意，或坚韧，或磅礴，或纯美，或魅惑，或有才……而美貌终究单薄，最令人折服的，还是美貌之外那些能够抵挡命运的共同特质。

岁月里没有永恒不变的容颜，生命中也没有永恒的罗曼蒂克。

真正的罗曼蒂克就是永远相信诗与远方。这种罗曼蒂克永远不会消亡。

若有才华藏于心，岁月从不败美人。

但愿每个人无论美貌与否，都能从她们身上学会宠爱自己，学会活出自我，学到抵抗命运的一招一式。

2017 年 6 月，于武汉

第一章

被时光**宠爱**的女子，

都**美成**了什么样子

被时光宠爱的女子，都美成了什么样子

1 ///

钟楚红再度活跃在公众视野，好多导演找她拍电影，她一一拒绝。

接受《嘉人》采访时，她说："我发现人们只想看 20 年前银幕上的钟楚红，而不是现在这个我。"

现在的钟楚红，是什么样子呢？

微博上 PO 出的最近动态，是她为某品牌包包做的宣传广告。第一张，她侧仰着头，浓密微卷的黑发披至胸前，眉头舒展，媚眼如丝，恰到好处的红唇烘托出天然好气色。

第二张照片还是同样的装扮。这回换成了正脸面对镜头。眼弯似月，嘴角如勾。虽是远景，依然能清晰看到左颊沿着勾起的嘴角突显出的小梨涡。

这张图上，她的眉眼口鼻，没有一处不是在笑着，亲切自然，从容淡定。

图下评论区，网友都大呼："和三十年前没多大区别嘛。"

现在的媒体都喜欢用"似少女"来形容女性保养、妆扮得宜，轮到红姑时，面对站在蔡澜先生身边、扎起丸子头、巧笑倩兮的红姑，媒体用的词则是"似萝莉"，而红姑现年已经 57 岁了。

比之三十年前青春洋溢、美艳不可方物的模样，岁月在她眼角仅仅增添了几条细细的纹路，其他之处浓淡适宜，不过不及，美得恰到好处，叫人看了打心里觉得舒服。

陈丹燕在《上海的金枝玉叶》里曾说，一个女子在 40 岁以前的容貌，是先天的，她的美丽与否来自她的家庭和她的运气。但是 40 岁以后，她经历过的生活渐渐丰富了她的心智，那时候开始，她的心智一点点改变她的容颜，她脸上的纹路，她的眼睛，她笑容里的阴影，还有她的嘴唇。因此，许多人都说，在一个 40 岁以后的女子脸上，可以看到她的一生，她的心灵，还有她是否真正美丽。

一个人在前半生走过的路，读过的书，爱过的人，遭过的际遇，都会被自己的身体记录，一一刻在脸上。

真正的美人，是时光精心雕琢的杰作，一定是越刻越美的。因为岁月，从不败美人。

2 ///

51 岁被选为邦女郎，与 47 岁的丹尼尔·克雷格搭戏的时候，莫妮卡·贝鲁奇轻轻挑了挑眉。

在电影圈，一直有一条潜规则左右着影片的演员选角：与男演员搭戏演情侣的女演员，一般情况下会比男演员年纪轻，除非剧情需要。

可当莫妮卡·贝鲁奇要与比她小四岁的丹尼尔·克雷格搭档演情侣的消息公布出来后，没人会觉得意外。

她是迄今为止，年纪最长的邦女郎。成片出来后，不仅没人觉得她太老，反而因为《007幽灵党》的口碑不尽如人意，看她和蕾雅·赛杜扮演的邦女郎，成了影迷最大的期望。因为她们的存在，第二十四部007电影才算值回了票价。

与比她小21岁的蕾雅·赛杜相比，莫妮卡·贝鲁奇在年龄上没有任何优势。

年轻的女孩子，没有丑的，那叫青春。一位网友的妈妈常如是说。

青春的脸，明亮，灿烂，满是胶原蛋白，是摄像机镜头下的宠儿。加上蕾雅·赛杜本身五官精致，自带慵懒冷酷的独特气质，获得摄像机的偏爱，实在是情理之中。

可在同一部戏中演出的莫妮卡·贝鲁奇，丝毫没有表现出弱势。一袭黑衣，头戴网纱黑帽，随便一站便是一道风景。与邦德面对面较量时，亦步亦趋，身姿摇曳，妩媚的眼神散发出致命的诱惑。她是邦德爱上的第一位"成熟"女子。

与蕾雅·赛杜同框参加首映礼，一次甩发，微一仰头，眼波一流转，便足以谋杀相机内存。

其实十八年前，33 岁、正当美好年华的她，就曾为 007 系列电影《明日帝国》试过镜。

那时，詹姆斯·邦德还是一位风趣幽默、风流倜傥的英伦绅士，与如今走冷酷金属感路线的丹尼尔·克雷格相比，皮尔斯·布鲁斯南的演绎更叫女人欲罢不能。

一个高贵绅士，有情有趣，一个性感诱惑，万种风情，两人本该成为绝配，可惜贝鲁奇不幸落败。

有记者问皮尔斯·布鲁斯南，为何贝鲁奇没有当选邦女郎。布鲁斯南冷冷地讽刺了一下幕后的选角团队："那帮白痴！"

热心的网友倒是替贝鲁奇杜撰了一个颇为解气的回答：可能她那时还不够老吧。

她是真的老了。出席北京电影节时，松弛的肌肤和脸上的细纹已经清晰可见，与《西西里的美丽传说》里那个叼根烟就能引来无数男人打火机的迷人寡妇相比，她终究是不再年轻了。

可她依旧是美的。电影节走红毯，一袭红色长裙红纱飘逸，像烈火中曼舞的仙子。

这次随行来宣传的最新影片《牛奶配送员的奇幻人生》，她在里面也是饰演一个不再年轻的女子。她的美丽已经跟身体无关，而是深入灵魂的。

正如她自己所说："年轻是一种美，但是女人的另一种美，是由内而外散发出来的。灵魂不断成长，性感如影随形。"

都说岁月不饶人，美在灵魂里的女子，又何曾饶过岁月？

3 ///

时光是最公平的天平，能够受到时光宠爱的女子，不仅美得不像话，还能活出属于自己的精彩。

年轻时明艳动人，年老后用才华征服众人，现年已经 72 岁高龄的海伦·米伦，真正做到了"美就美上一辈子"。

她到底有多美？

刚出道时，青春静雅似淑女。因为得天独厚的身材优势，她的一对美胸被视为英国影坛的传奇。

接受电视访问，被主持人问道："你的身材会妨碍你对事业的追求吗？"

她毫不客气地回答："怎么？你是想说严肃女演员不能有大胸吗？"

70 岁时，她被某品牌选为形象大使，为该品牌的一款护肤霜做代言。

广告一经推出，观众就投诉海伦的照片经过过度 PS，广告有误导之嫌。

广告标准管理局却给出了这样的回答："海伦在广告中的年轻容颜均与她的红毯镜头一致，尤其是嘴部。我们认为广告并没有用改变米伦女士外貌的方式来夸大其产品的实际使用效果，并得出结论——广告并没有误导消费者。"

可见，她的美是经过官方盖棺论定的。什么青春已逝、美人迟暮，到了"女王"大人面前，统统都成了浮云。

她在传记电影《女王》中诠释的伊丽莎白二世，从步态到手势，到口音，几乎达到了完美复制的地步。出色的表演不仅获得了观众和评论界的一致认可，还获得了女王本尊的肯定，被女王亲自接见，封为女爵士。

凭着精湛的演技，她不仅赢得了2006—2007年几乎所有奖项的最佳女主角奖，还因此获得第79届奥斯卡金像奖最佳女主角。

毕竟头顶过王冠，在很多人眼里，她便成了美丽、优雅、高贵的代名词，有女王一般高高在上的气场。然而生活中的她，真实得让人瞠目结舌，"惊天动地"。

她53岁才结婚，一直没要小孩，因为自己"没有母性本能"。

看到朋友穿洞洞鞋，她直言不讳地批洞洞鞋丑。自己试过后，反而脱都脱不下来了。

参加脱口秀直播，被主持人送洞洞鞋，她当场脱下自己的高跟鞋，换上"丑鞋"，舒舒服服地在沙发里伸展腰肢，完全不理会鞋子与她身上的高级礼服搭不搭。

在纽约，她自动卸下"女王光环"常坐地铁。参加电视网脱口秀直播，都是自己坐地铁到演播厅。

有次和朋友一起坐地铁。眼看着地铁门就要关上，她将手伸进了门缝里。一位男士过来帮她扒开车门，为让他们安全进入车厢，却也因此使地铁停摆。

警察过来询问："谁把地铁给弄停了？"

她心虚地回答："不是我。"

男士站出来，被警察带走。她留在地铁上，不敢下车去为那位帮过她的男士作证脱罪。那样的话，剧院演出就要迟到了。

她在《吉米·法伦秀》上公开谈论此事，被法伦调侃："人家说不定还在坐牢呢？"

她悔恨万分，为自己的所作所为羞愧不已，对法伦说："你这样说，我会哭的。"

紧接着便借着直播向那位地铁里的男士道歉，眼角泪含光。说完，还感谢法伦给她机会坦承自己的"耻辱"。

而对观众而言，她所谓的"耻辱"恰恰凸显了她真实可爱的一面。

人非圣贤，孰能无过。

在镜头前，她优雅高贵得严丝合缝，完美无缺，仿佛天上的人儿，自带一股仙气。反倒是这样的耻辱感，才让观众了解到一个真实的她。

她有市侩、胆小、自私自利的时候，也有悔恨、勇敢、屈辱的时候。在遇到状况的时候，会事先考虑自己的个人利益，但也会因此遭受到良心的谴责而不安。她有明星的光环，也有普通人的羞耻心。

但与很多普通人不同的是，她敢于将事情真相公之于众，在大庭广众之下揭发自己。此等勇气，不得不令人敬佩。

60 多岁时，她跑去参加《英国疯狂汽车秀》，疯狂急转弯，疯狂漂移，看得观众都吓破了胆，她自己也说："太恐怖了，但是很棒耶！"还自曝自己最大的梦想就是拍《速度与激情》。

很快，观众便在《速度与激情8》里看到了她霸气的身影。虽然才客串了一天的戏份，却成为影片最大的亮点之一。

海伦·米伦无疑是当代活着的一个传奇。她不仅是荧幕上的女王，演艺界的女王，更是自己生活的女王。

她深刻了解自己的本性，活得真实不做作，全然掌控着自己的生活。

当同龄人都在窗前守着日出日落，暮气沉沉地感叹又过了一天的时候，她却拿起枪（电影《赤焰战场》里的角色形象），突突突打出了一个退休女英雄的赤焰人生。

美人的人生永不停止，时光赋予的宠爱才会源源不绝。

4 ///

时光不会为任何一个人停留，但它一定是有偏爱的。

年轻的时候，女人的美是青春的印证。少女情怀总是诗。无论颜值几何，有青春点缀的少女，没有不美的。

然而青春终将逝去，美能否延续，取决于你采用什么样的方式生活。

红姑微笑着面对和接受生活给予她的一切，莫妮卡·贝鲁奇懂得欣赏年龄赋予自己的美，海伦·米伦活出真实自我，用孩童一般的好奇心拥抱生命的每一刻……

美人的活法千差万别，没有唯一的标准答案，可她们都有一个共同的特征——美在灵魂里。

美人在骨不在皮，是女人受时光宠爱的唯一条件。

只有深入骨血的美，才能在时光的流逝中闪闪发光，灿烂夺目……

被时光宠爱的女子，一定是宠爱自己的女子。

女人应该怎样宠爱自己？

第一，善待自己的脸和身体。爱自己从爱惜自己身上的每一寸肌肤开始。保持良好的运动习惯、作息习惯。自律和勤奋可以让你拥有细腻娇嫩的肌肤和梦寐以求的好气色。

第二，拥有一项拿得出手的才艺。唱歌、舞蹈、烹饪、烘焙、运动、绘画、园艺、插花……它们可以不是你赖以生存的手段，却是能丰富你的生活和内心必不可少的技能。很多女人的气质不在职场上，恰恰是表现在她所擅长的才艺里。

第三，感情方面要有底线。结了婚的男人不招惹；有黄赌毒等不良嗜好的男人不能碰；是爱情还是友情？男女界限要分明。

　　第四，有独立的经济能力。也许你会为孩子离开职场，不论时间短暂还是长久，一定要保持自己可以随时上岗的实力。无论理由多么冠冕堂皇，社会不会抛弃你，只有人会自暴自弃。

　　第五，拥有自己的梦想和事业。不论成功与否，如果可以坚持为之奋斗，你会比一般人更加容易得到幸福。

有脑的女人，才不会被时光遗忘

1 ///

办完事顺路去朋友公司拜访，正巧遇上他面试新员工。

朋友公司创业不久，正预备扩大规模，招聘一名前台。

一个小时面试下来，朋友累得举起双臂，连打呵欠。

我笑称："七八个美女排着队让你面试，这么好的艳福，还累呢？"

朋友摇摇头，手指头顶说："你是不知道啊。为了招一个合适的前台，我连头发都白了好几圈。"

我问："很难吗？前台嘛，形象职位，挑个最漂亮的不就成了。"

朋友说："哪有你说的那么容易。我是吃过亏怕招黑啊。"

原来，公司之前有过一个前台，还是个人人交口称赞的美女。身材高挑，样貌清秀，穿衣打扮也挺讲究，起码自己的形象工程是管理得相当好。

然而感情上却叫人有点一言难尽。

　　爱美之心，人皆有之。一个大美女在前台充当门面，公司里的男职员工作干劲都足了很多。那段时间公司一个迟到的都没有，全勤奖都发得朋友略微有点心疼。

　　员工有干劲，对于一家公司来说，毕竟是好的。可哪曾想，两个小伙子对美女动了真心，明里暗里较劲，有时弄得大家都很难堪。美女也不表态，乐呵呵看着两人为她争风吃醋。

　　哪个女人没一点虚荣心？谁不想享受被人追求的滋味？从女性心理的角度，美女的不表态倒也可以理解。可令人捉摸不透的是，美女居然两个都没选，竟跟公司一个已婚员工暗度陈仓，直到对方老婆找上门，东窗事发。

　　"这种女孩对感情的事，太拎不清，说白了就是没脑子，"朋友不无叹息地说，"真真可惜了一副好皮囊。"

　　说着，他滑开手机，调出美女前台的照片给我看。

　　果然，照片未经 PS，也没有使用滤镜。可这女子的容颜仿佛自带柔光，肌肤胜雪，明眸皓齿，五官精致得无可挑剔，加上一头妩媚大波卷，清新明媚间，暗藏万种风情。

　　身为女人的我，看了都忍不住暗咽口水，何况血气方刚的小伙子。

　　"真是好可惜啊！"回想朋友的话，我也不免感叹一句。

　　上天真的是偏心的。有些人天生是老天赏饭吃，要相貌有相貌，要身材有身材。

　　在这个看脸的时代，高颜值无疑可以为一个女子争得更多的机会和资源，奈何致命的硬伤总是令美女的一手好牌被打烂。王炸舍不得出，顺子被人压，连对不忍心拆散，结果只好眼睁睁看着地主在自己眼皮子底下大逃亡。

这样的女子，恰恰印证了那句俗语——脑袋被门夹了。

《男人装》杂志创办人瘦马老师说，女人靠脸和胸部只能活上六七年，靠脑子则可以活上一辈子。

心理学家常说，女人是感性动物，可总有些女人懂得美丽稍纵即逝，头脑才是生活最终的依靠。

2 ///

民国知名女企业家董竹君，从小冰雪聪明，天生丽质，邻居们都称她"小西施"。

13岁时，因为家境穷困，被送到青楼卖唱。14岁端午节这天，她拍了平生第一张照片。

照片中的少女，身穿时下最时髦的黑纱透花夹衣裤，紧身裤角露出白皙的脚踝。头发向后绾起，剪刀式刘海耷拉在额前两颊，露出精致明媚的五官。

她端坐在椅子上，右手搭在左手手腕，左腿搭在右膝上自然跷起，目视右侧前方。整个人端庄清雅，秀丽柔美，却依然掩饰不了眼部的阴云。

人是美的，可董竹君的心是沉重的。

虽说卖艺不卖身，名义上抵押三年就恢复自由身。可青楼岂是说来就来，说走就走的地方？

董竹君听闻太多青楼女子的悲惨命运，一心想要逃离此处。然而她天生貌美，歌技了得，很快打响了名号，找她的客人络绎不绝，很快成为青楼的"小摇钱树"。见钱眼开的老鸨怎么可能轻易放过一棵"摇钱树"？

眼看自己很快就要被逼卖身，她开始消极怠工，唱歌时懒洋洋的，不那么卖力了，心里却在暗自盘算着要如何逃离此地。

那时出入青楼的，不仅有浪荡之徒，还有些以青楼为掩护，实则商量为国为民大计的革命义士，夏之时就是其中一员。

据董竹君自传《我的一个世纪》中记载，夏之时比她大12岁，"眉清目秀，两目炯炯有神，姿态英俊，性格豪放，24岁就任四川都督，真是一位英雄豪杰"。

夏之时是真心喜欢董竹君，经常鼓励她，劝她多读书，做好人。她能感觉到他的诚意，但以夏之时当时的年纪，他应该已有妻室，而董竹君却不愿做不受人尊敬的小老婆。

对她而言，青楼是火坑，做人小老婆无非是从一个火坑跳往另一个火坑，没有实质区别。

经过打听得知，夏之时的确有一位明媒正娶的太太，但他和太太是典型的包办婚姻，父母做主，没有感情基础，而且他太太患有肺病，时日已不多。

虽然如此，董竹君依然觉得，他家人还健在，此时谈婚嫁不是要把人家太太"活活气死"？这样的事，无论如何她董竹君也不能做。

夏太太病逝后，夏之时再度向她表白，表示要为她赎身。

老鸨开价要三万块。董竹君得知后，即刻阻止夏之时的赎身计划。

夏之时不明就里，说："如果不出钱，你别想逃出这个火坑。"

她说："你就等我两个礼拜再说，无论如何一文也不要出。"

他问："你不要我赎你出来吗？"

她说："是的，我不要，你等一等，我有我的道理。我又不是一件东西，再说以后我和你做了夫妻，你一旦不高兴的时候，也许会说：'你有什么稀奇呀！你是我拿钱买来的！'那我是受不了的。所以，我现在无论如何不愿意你拿钱赎我。大家有做夫妻的感情，彼此愿意才做夫妻，要不然多难听。"

董竹君心里是清明的。虽然当时旧社会遗俗还在，但人们已经开始追求起自由平等。董竹君追求的是男女双方在婚姻上的自由和平等，不愿像旧社会的女子一样过着低人一等、毫无尊严的生活。

为了保障今后的尊严，她与夏之时约法三章：

第一，她不做小老婆。

第二，他得送她到日本求学。

第三，读书回国后，两个人组建家庭，他管国家大事，她则从旁协助，管理家务，当个贤内助。

这三个条件不算苛刻，无一不体现了董竹君自尊自爱的独立人格。尤其第二条，深刻凸显了董竹君的生存智慧。

她还年轻，虽姿色尚在，青春饭还可以吃好几年，但终归会年老色衰，遭男人厌弃，只有学识才是自己强有力的支柱。

"求学"二字，看似简单，实则是董竹君深谋远虑的大格局体现。

果不其然，女人的命运，靠婚姻不如靠自己。

和夏之时共同生活十五年后，两人的价值观差异越来越明显，不得不开始了长达五年的分居生活。

董竹君要在上海打江山，夏之时说："如果你董竹君也能在上海成功，我就用我手掌煎条鱼给你吃。"

事实是，董竹君先后创办了上海锦江川菜馆和上海锦江茶室（即锦江饭店的前身），大获成功，一度成为上海滩最有名的女人。

民国时期的女企业家，还有一位是大名鼎鼎的诗人徐志摩的前妻——张幼仪。

与徐志摩离婚后，张幼仪在哥哥的支持下，出任上海女子商业银行副总裁，还开了一家云裳服装公司，出任该公司总经理，一时成为女子独立的典范。

然而，这些与张幼仪的家庭出身和家族雄厚的经济实力密不可分。反观董竹君，没有家族作为靠山，也没有亲人伸手一把，几乎是白手起家，一切成就都是靠自己的头脑和双手努力争得的。

有颜值，或许可以让你嫁个好男人，摆脱穷苦的出身，但若要获得高品质的生存质量和生活，最终取决于你有没有头脑。

3 ///

虽然如此，但有些女人的头脑，实在是个不稳定因素，一不小心就遭遇滑铁卢，比如恋爱的时候。

都说恋爱中的女子，智商为零。这话用在伊丽莎白·赫利身上，一点也不为过。

她是当之无愧的"英伦第一美女"。现年52岁的她，还被评为英国"最完美女性身材"。

1965年出生的赫利，从小就梦想成为一名舞蹈演员，12岁进入舞蹈学校学习芭蕾。16岁时因为身高过高，不得不让梦想止步。

放弃梦想对任何人而言，都是一个艰难的过程。赫利用五年时间，才走出迷茫期，渐渐转到跟舞蹈演员擦边的表演事业。

她青春美貌，会唱歌，会弹琴，多才多艺，一旦确立方向，很快就在行当中脱颖而出，前途大好。

也不知是幸还是不幸，她在出道的第二年遇见了爱情。

幸运的是，她遇见的是休·格兰特。

这个以温文尔雅著称的英伦绅士，高贵中略带大男孩的羞涩感，事业一起步就获得演艺界重视。

与她合作影片《风中划船》时，他已经红得发紫。

两个人金风玉露一相逢，便胜却无数。他给她带来爱情的同时，也为她带来了名誉。从此，只需要带上"休·格兰特女友"的标签，她便知足了。什么事业，什么梦想，在高尚的爱情面前，完全可以忽略不计。

恋爱中的赫利无疑是美的。她只需要穿对衣服，做好装扮，牵起格兰特的手，依偎在他身边甜甜地笑，就可以激发新闻媒体的灵感，为她点赞。

在电影《四个婚礼和一个葬礼》的首映式上，她身穿一袭串有金色别针设计的范思哲黑色长裙，性感别致，成为红毯上最为经典的战袍之一。

从此，她更像一个衣服架子，身着不同战袍，跟随着爱人出席各种典礼和派对。自己的表演事业却毫无起色。

张爱玲平生所言有"三大恨"：一恨海棠无香；二恨鲥鱼多刺；三恨红楼梦未完。

身为女子，我对同胞也有"三大恨"：一恨女人完全附庸于男人，好吃懒做；二恨女人诋毁同胞，闲言碎语；三恨女人为爱迷失自我，不知进取。

赫利占了最后一条。某种程度上说，她还占了第一条，也不为过。

在本书其他章节，我说过我爱死了那些为爱疯狂、为爱勇敢的女子，但疯狂不代表迷失自我，勇敢也不是舍弃自己的梦想。

索性生活是公正的，当你需要清醒的时候，它就给你来一记当头棒喝。

敲在赫利头上的那一记棒子，大概会是她终生难忘的经历吧——格兰特陷入了招妓门。

这一棒够重够狠，敲得她晕晕乎乎，虽然选择了原谅，却也开始重新审视自己的人生。

要我说，女人的头脑应该是有开关的。只要你想用，按个按钮"叮"的一声，就可以开始全新的人生。只要还想用，什么时候开启开关都不算晚。

回想起自己作为衣服架子的优势，她做起了模特，一举拿下雅诗兰黛的代言，一签约便是十年。

紧接着，重拾自己的主业，拼了命地接戏。《乘客57》《疯狗和英国人》《奥斯汀的力量》《王牌大贱谍》，一部接一部地演。尤其《神鬼愿望》中，她演绎的魔鬼代言人，美艳不失高贵，轻狂略带叛逆，性感而又俏丽，简直是诱惑与邪恶的完美化身。

精彩的事业让她活出了精彩的自己，也让她领悟到，只要肯努力，人人都拥有属于自己的人生。

有了事业为依靠，她终于有了底气，向那个相恋了十三年依然不肯给她一个承诺的男友，提出了分手，开启了崭新的人生模式。

女人的脑子是一台机器，一旦开始运转，就会给人带来源源不断的能量和智慧，让人越活越起劲，越活越清醒。

离开格兰特之后，她又有过一段感情，并和对方生下一个儿子。可她不再甘于沦为男人的附庸，毅然带着儿子，做起了单亲母亲。

单亲母亲的生活，是难以想象的艰苦。知乎上一位匿名网友回忆起单亲妈妈带她生活的日子，多少年后，依然不胜唏嘘："妈妈从前是个美女，离婚之后，一夜间老了下来……最困难的时候，她一个人同时打六份工，阑尾炎犯了也忍着上课。"

赫利虽身处娱乐圈，拥有明星光环，但天下父母皆一般，其难处可想而知。

于是，她不仅做演员，当模特，还利用自身优势，做起比基尼设计师，创立了自己的品牌，还为自己做起了代言。

放着自己得天独厚的魔鬼身材不用，还有谁比她更适合代言的呢？

内衣事业红红火火，演艺事业也绝不落下。

参与美剧《王室》的演出，虽然电视剧口碑平平，演员表现一般，但无人挑剔赫利饰演的王后。与剧中扮演女儿的演员同框，网友大呼胜似姐妹。有时甚至会盖过"女儿"风头，成为无数观众追剧的动力。

她还是那个妖娆的恶魔，浑身上下充满致命的诱惑力。

虽已年过五十，魅力、容颜依然美艳不改。岁月带给她的，无非是年龄数字上的增长，却带走她无与伦比的美。

因为这后半段人生，我又重新欣赏起她了。

4 ///

可可·香奈儿说："20 岁的面容是与生俱来的，30 岁的面容是生活塑造的，40 岁的面容是我们自己要负责的。"

女人的面容靠什么来负责？

美剧《绝望主妇》里，布里和女儿有过这样一段对话：

布利："我小的时候我的继母说我很幸运，我漂亮、聪明、机智又有内涵。这些是所有女人在这个世界上生存下去的四样武器。"

丹妮尔："那又怎样？"

布利："所以你要小心保护好你的脸蛋，你只有这一样武器。"

聪明、机智和内涵，都是头脑管辖的范围，倘若你以为凭着一张脸就可以走遍天下，那你可得当心了。

不得不承认，有些女子的脑子天生聪明。她们不需要太费力，就能获取自己想要的知识和智慧。

而另外一些女子，只能跌跌撞撞，将生活当作自己最大的课堂，在人生的阅历中不断吸取教训，充实自己的大脑。

　　还有一种女子，先天优势并不明显，人生路途也算平坦。为了不致内心空洞，虚有其表，她们大量阅读有益书籍，从前人的经验和教训中，吸纳对自己有用的生存智慧和生活底气。

　　天才毕竟是少数。懂得生活的天才，古往今来更是寥寥无几。唯一可以借鉴的，是一颗永远进取的心和一个不甘平庸的灵魂。

　　你很美。但是，请你要美进骨子里。

优雅，是对一个女人的最高礼赞

1 ///

闺密和她老公去了一趟法国，回来的时候，从一个大大咧咧哈哈大笑的姑婆，摇身一变，成了一个低眉浅笑的优雅女人。

黑色尖头高跟鞋透出浓浓的女人味，黑色高腰长裤完美地拉长腿部视觉，藏青色翻领衬衣凸显出她的干练知性气质，略施粉黛，淡雅的妆容给人一种岁月静好的美感。

无须珠宝点缀，这一身装扮，已经俨然穿出了法国女人的知性美和优雅感，高级又不失亲和力。

虽然不懂时尚，我仍一眼认出了她身边的皮包：黑皮，金扣，单把，简洁低调，却让人过目难忘。那明明是时尚界最经典的"凯利包"。

当年身为摩纳哥王妃的格蕾丝·凯利怀孕时，常以爱马仕皮包遮挡孕肚。品牌方抓住机会，征得王妃同意，用她的名字为这款包命名，使它一跃成为皮包经典中的经典，至今无人出其右。

我指了指她的包，说："凯利哦，价格不菲吧？"

她笑笑不语。

闺密和她老公年少相识，少年夫妻一起颠沛流离，东莞、深圳、上海、天津、北京……天南地北地闯，几乎跑遍了大半个中国。从在夜市摆地摊叫卖，到如今拥有三家公司，四个连锁店和一家大型超市，可谓是苦尽甘来。

虽然久在江湖磨砺，身上却没有江湖气息，每走一步，她的形象管理就上升一个台阶。

她说，在江湖上打拼了这么些年发现，白手起家的人，最怕遇到富二代。人家从小耳濡目染，举手投足都是教养和气质，谈笔生意不过就是签个文件，云淡风轻。

他们白手起家的人，缺乏那种与生俱来的修养和气质，生怕露出"暴发户"的短处，被人瞧不起。

所以，她时刻都在要求自己上进，从形象到修养到气质，都被纳入了奋斗的计划中，但求能在谈判场上多一点底气。

那天在巴黎，途经爱马仕总店，在凯利包与铂金包之间踌躇了很久。听店员说，凯利包是以格蕾丝·凯利的名字命名的，就果断买下了凯利包，想沾沾摩纳哥王妃的优雅气息，以便时刻提醒自己：奋斗不止，修炼不止。

闺密的选择可谓明智，凯利包不仅是时尚界最经典的优雅代表，其名字由来的主人格蕾丝·凯利，更是将"优雅"一词演绎了一生一世。

她首创了露出腰胛骨的经典造型，凸显女性线条美。常备的白丝手套，成为她最鲜明的着装标志。

她在演艺圈的电影生涯不到六年，成为悬疑大师希区柯克的缪斯女神，获封奥斯卡影后。银幕上风光鼎盛之时，她急流勇退，嫁入欧洲宫廷，成就了一段完美的现实童话。

她气质独特，衣着永远得体，举手投足都流露出自信和优雅。某种程度上，她几乎成了"优雅"的代名词。

2 ///

拥有女神级别的颜值和富贵之家出生的格蕾丝，并非人们所想象的那样集万千宠爱于一身。

家中兄弟姐妹四个，她是最不受父亲宠爱的那个。因为父亲瞧不起演员这一职业，她坚持反其向而行，要在演艺圈出人头地。

她眼睛如海水般湛蓝明亮，皮肤像月光一样白皙光洁，头发如星星一样闪烁着金光，四肢修长，举手投足摇曳生姿，令人沉醉不已。

她的御用摄影师霍韦尔·科南特这样评价她的美貌："人们信服格蕾丝的美貌，要知道，这可不是靠服饰和化妆建立起来的。"

格蕾丝到底美成了什么样子？

英国作家温迪·利在其著作《从影后到王妃》中记载，在一个海岸边举行的夏季聚会上，两名西班牙学生身穿 16 世纪宫廷乐师服饰，拨弄起手中的吉他，跳起弗拉明戈舞。已是摩纳哥王妃的格蕾丝一袭连衣长裙。她轻松地站起身，猛地甩掉鞋子，赤脚在星空下翩翩起舞。

波涛拍打着海岸，海风吹舞着王妃的衣裙。她踩着明快的节奏赤脚点地，旋转如绽放的花朵，自由而又热情。

在场的著名艺术家安德鲁·维卡里后来回忆道："这是我平生见过的最美好的情景之一。"

虽然有王妃光环加身，天生丽质的格蕾丝十来岁就出落成了一个大美人，追求她的人不计其数。其母在女儿出嫁前夕，曾春风得意地说："我女儿格蕾丝还不满 15 岁，就有男人向她求婚了。"

然而在出入演艺圈时，并没有多少人认可她的高颜值。她想跳芭蕾，被嫌弃过于高挑。她的侧颜完美得无可挑剔，却依然有摄影师说她下颌太宽大，拍照时要用领口遮盖。因为患有鼻窦炎，她还被人说过鼻音太重，声音太尖细，没有表现力。

然而女神之所以成为女神，其过人之处不仅在于天生丽质，更在于后天努力。

跳不了芭蕾，她就将芭蕾舞演员的体态意识保持终生。

坐下来的时候，从不交叉叠腿。行走时，上身挺拔，肩膀微微向后打开，下颌稍向上扬，步态轻盈灵动，如同湖中滑行的天鹅，安静庄严，高贵优美。

气质卓然的仪态，使她后来在镜头前泰然自若。天鹅般的步态，也成为她标志性的行走仪态。

说她下颌太宽大，她就按照模特女友卡罗琳·雷伯德的建议，不再用头发挡住下巴，反而把头发径向后梳，盘起法式发髻，着重突出下巴轮廓，并将这种发式应用于大多数正式场合。

说她声音尖细，她就用衣夹夹在鼻端朗诵莎士比亚剧本，一连几个小时不停歇，直至声音降低一个音区，变得温柔沉静，口音也渐渐向英式口音靠拢。

大银幕上，她英式贵族般的口音，简直与其高贵冷艳的形象浑然天成。

明末清初文学家李渔是个非常懂得欣赏女人的人。他在《闲情偶寄》中提到："妇人之衣，不贵精而贵洁，不贵丽而贵雅，不贵与家相称，而贵与貌相宜。"

能穿对衣服，让着装与自己的容貌、仪态相得益彰，也是女人的一种才华。

格蕾丝衣品极高，屡出经典造型，着装和造型几乎没有出过错。

《后窗》中黑色丝绒V领露肩上衣配白色雪纺蓬裙，成为影史上最经典的造型之一。"世纪婚礼"时的真丝塔夫绸婚纱以及上万颗鱼卵珍珠串成的头纱，成为凯特王妃大婚时设计婚纱的灵感源泉。珍珠项链、白手套、宽檐帽，几乎成了她的时尚标配。

曾跟格蕾丝同住的女演员丽塔·加姆，在其回忆录中记录了两人出席圣诞酒会的情形：格蕾丝穿一袭绿色绸缎长裙，佩戴珍珠项链，以及她标志性的白色羊皮手套。当她款款走向自助餐桌时，人群中不由得发出一阵阵赞叹声。"她显得如此清新脱俗，如此高雅娴静，如此具有淑女气质。"

在拍摄电影《电话谋杀案》时，希区柯克要求格蕾丝穿着丝绒浴袍接电话。她说："任何一个正常女人半夜起床接电话，都会穿睡衣而不是浴袍。"希区柯克听从了她的建议，并让她自己挑选戏服。

从此以后，她的电影就像一场时装秀。任何面料的服装，一经她诠释，都能最大限度地表现出女子的柔美气质和高贵典雅。连好莱坞最具盛名的服装设计师伊迪斯·海德都说："她永远正确。"

而这一切，并非金钱堆砌出来的结果。在 1955 年荣登最佳着装榜之前，她甚至未穿过一件高级定制时装。

曾与格蕾丝合作过《红尘》的艾娃·加德纳，在为写自传接受采访时，记起有次发现格蕾丝鞋底有一个大洞。

她对格蕾丝说："天呀，你连双鞋也买不起吗？"

格蕾丝说："不是的。这双鞋我从中学时就开始穿了。我再让你看看这个。"

她将鞋子脱下来。艾娃发现她的鞋底已经脱落，她却亲手把鞋底粘了回去。

奉行节俭，杜绝自我放纵，是她从母亲那里继承而来的良好传统。

她将自己穿过的衣服都一一珍藏。出嫁摩纳哥的时候，穿了 20 年的裙子和穿了 10 年的鞋子，成为她的嫁妆之一。

她有超强的控制力，对自己的肢体、语言，以及眼神，都能随意掌控。

希区柯克说："我总跟演员们说，别用脸来表演，那是徒劳的。胸有成竹之前别在纸上乱写乱画。要沉得住气。格蕾丝就有这种控制力，在她那个年龄的女孩中这是极其罕见的。"

她非常注重形体仪态，决不允许自己体形出现问题。

度过 40 周岁生日，格蕾丝一度发胖。为了控制体重，她不仅严格节食，还每天踩脚踏车 15 分钟。

时任伦敦《每日快报》娱乐编辑的彼得·埃文斯，在格蕾丝 41 岁见到她时，这样描绘他眼中的女神："她依然极富魅力，身材依然苗条。她身上依然洋溢着一种性感，几乎是风情万种。我说'几乎'，是因为在面对她时，你肯定会觉得自己在经历一场艳遇。"

"天鹅绒女神""完美的图画""白雪皑皑下的火山""点亮胶片的女神"，这些美丽的标签，如果可以用一句"天生丽质难自弃"来概括，那么在格蕾丝身上，优雅就是靠强大的节制和控制力来体现的。

青春易事，红颜易老，只有优雅和智慧能伴随人一生。而当"高贵典雅"成为一个女子的代名词，不外乎是对她外在形象的最高礼赞。

3 ///

论起"优雅"，不得不提及与格蕾丝·凯利同时期的女星奥黛丽·赫本。

网上盛传一张两位女神同框的照片：两人均穿白色宽肩带礼服，将头发高高盘起，作为颁奖嘉宾，在奥斯卡颁奖礼后台相遇。格蕾丝，眼神专注地直视前台动向。她的颁奖对象即将是当届最佳男主角。赫本则伸长脖子，殷切地期待着为最佳影片颁奖。

两个世纪女神不经意的相遇，成就了影史上难得一见的同框经典。

照片中，两人均天赐顶级容貌，优雅天成。唯一不同的是，一个镇定端庄，一个活泼灵动。

因为均以优雅形象传世，颜值高，衣品高，时尚品位高，时人以及后世来者便不厌其烦地将两人作比较，讨论两人的优雅，谁更高一筹。

论格蕾丝·凯利，她出身良好，自带冷艳的高级感。王室婚姻为她带来梦幻般的童话色彩。不到53岁便香消玉殒，世人对她的印象，永远定格在年华还来不及老去的那一刻。

而奥黛丽·赫本，从小经历战乱，少女时代为了生存颠沛流离，历经五段有据可查的恋情，情路坎坷。晚年美人迟暮，依然勇敢地接受自己容颜老去，将自己献身于慈善事业，直至63岁因阑尾癌病逝。

格蕾丝·凯利的优雅，是端庄、冷静、高贵，是希腊女神般高冷得神圣不可侵犯。

而奥黛丽·赫本，则是灵的，温暖的，纯真的，是坠落凡间的天使。著名导演比利·怀尔德说："上帝亲吻了一个小女孩儿的脸颊，于是赫本诞生了。"

赫本曾说："外貌是女人不可或缺的资本。"

可对于她本人而言，她的外貌简直可以用灾难来形容。

她太瘦削，歪牙长脖粗黑眉，胸平腿粗招风耳。那个年代，流行的是玛丽莲·梦露式的金发红唇、大胸细腰和玲珑曼妙的身材曲线。

可是她太会穿衣，懂得扬长避短，用衣着搭配将个人气质和状态提升到一个前所未有的高度。

当她扮演的安妮公主剪掉长发，换成清爽俏丽的短发，穿起白衬衣，搭配及踝伞裙，束上宽腰带，脚蹬平底芭蕾舞鞋，游荡在罗马街头时，时尚界也随之刮起了一股以清新自然、纯真优雅为特征的"赫本风"。

赫本头、伞裙、芭蕾舞鞋、大太阳镜，以及后来成为时尚经典的纪梵希小黑裙，成为时尚界永远的参照物。

时至今日，很多描述美国上流社会的小说和影视作品里，都会提到富人阶层热衷的宴会主题——赫本风格。

因为《罗马假日》的成功，人们可以欣赏起赫本别样的美：大大的眼睛，释放出小鹿受惊时惹人怜爱的无辜眼神；时刻准备绽放的笑容，带着意味深长的淡淡忧伤。

她身上巧妙地融合了小动物似的欢跳灵动，孩子般的纯真无邪，少女的娇柔与矜持，天使般的善良与圣洁，以及女人独有的轻盈与优雅。

她的优雅，不仅来自外表，更来自深入灵魂的丰盈内心。

她不委屈自己，活得洒脱而又率真，又机智地保持着对他人最大的善意。赫本的儿子肖恩在其为纪念母亲而撰写的传记《天使在人间》中说道："优雅源自内心的价值观，这并不是刻意营造出来的，而是出于谦逊品德的自然流露。"

成名之后的赫本，收到很多电影公司、导演和剧作家的合作邀请。一次，她收到一个名叫贾斯汀的作家的剧本。对方声称剧本是为她量身打造，希望她能出演女主角。

赫本看完剧本后，感觉实在差强人意，意欲拒绝，却不愿伤害对方。于是她提笔回复道："尊敬的贾斯汀先生，谢谢您的抬爱，为我撰写了这样一个有趣的剧本，只是……"

她停下笔，觉得不该违背本心，说些违心的话，于是重写："贾斯汀先生，你的剧本，我反复看了几遍，但还是未搞懂它的深意……"

她再次停笔。如果不把话说清楚，也许对方会再来信解释，引发不必要的纠缠。

然后，她写了第三个版本："我见过很多烂剧本，但从未见过烂成这样的。简直是太凌乱了，看得人直发晕，连想死的心都有了。"

这是她最真实的想法，可是真话说出来往往会伤害人。她想了想，决定再次重写。

"承蒙厚爱，不胜感激，剧本很好，只可惜近两年来我的档期全都排满了，实在抽不出身，希望日后有机会合作。"

虽然不是实话，但终归是一个善意的谎言，可能再没有比这更好的回复了。

后来，赫本跟一位闺密谈起此事。闺密笑着说："看来，你也是个大俗人，到底还是没说真话，把最后一封信寄给他了。"

赫本说："才没有。我把四封信都装进了同一个信封，然后寄给了他，他爱读哪封读哪封。"

赫本不是宗教狂热者，但她终其一生都在坚持一种信仰。她信仰爱，信仰自然力量的奇迹，信仰生命中的美好。

著名英国摄影家塞希尔·比顿这样评价赫本："她是一个被战争伤害过的孩子，心里留下的阴影永远也抹不去。但是她从来不把这种痛苦带给爱她的人们，她总是向大家展示着她的美和快乐。"

她将自己的信仰贯彻到实际行动中，退出影坛后，成为联合国儿童基金会亲善大使，走遍了非洲贫困地区。

生命的最后，当儿子问她有没有什么遗憾时，她说："没有，我没有遗憾……我只是不明白为什么有那么多孩子还在受苦。"

赫本生前十分喜爱美国作家山姆·莱文森的一首诗，还给这首诗命名为《永葆美丽的秘诀》。其子肖恩在葬礼上宣读了这首诗：

要有迷人的双唇，请用善意的言语倾诉。

要有美丽的双眼，请发掘他人的优点。

要有苗条的身材，请将食物与饥饿的人分享。

要有美丽的秀发，请让孩子的手指触摸它。

要有优雅的姿态，请记住你永远不会孤单前行。

人之所以为人，是因为他必须自我振作，自我反省，自我更新，自我成长，而从不向他人抱怨。

谨记：如果你需要帮助，请善用你的双手。

当你成长后，你会发现自己有两只手，一只帮助自己，一只帮助他人。

你"美好的流金岁月"依然在前方，希望你能拥有！

内心高贵的人，优雅天成，简直可以称之为赫本最真切的写照。

4 ///

容貌是一个女子外在的魅力。然而颜值再高的女子，也逃脱不了时间的追逐。

岁月从来不曾饶过任何一个人。当美人一朝迟暮，青春的容颜终将老去，只有优雅的气质才能成就一生的美丽。

优雅，是一个女子最高级的衣服。它蕴藏在女人灵魂的最深处，投影在她的骨子里，她的举手投足中，以及她的一颦一笑中。

优雅，是对一名女子的最高礼赞。它折射出女子内心的丰盈，反映她处世的智慧、生活的热情和与岁月一起成长的美丽。

身与心的平衡，智慧的圆融，必然是立志优雅的女人的终极目标。

奋斗不止，修炼不止。谨以闺密的话，与君共勉！

格蕾丝·凯利是富二代，奥黛丽·赫本具有贵族血统，她们的优雅均有个人不懈努力的成分，但也不可否认其家传世袭的因素。

这是一种融入血液里的先天优势，对于我们众多出身平凡的普通女子而言，简直是望尘莫及。

然而，我们也别忘了，优雅不应该是暂时的。它应该是一个女子一生的修为，是应该持续到生命最后的终极梦想。

有些人，纵使家世再好，血统再高贵，一朝懈怠，依然可以将一手好牌打烂。民国时期的名媛陆小曼，就是最典型的例子。

作为普通女子，若想进阶优雅，格蕾丝·凯利那般龟毛到细节的勤奋和努力，不失为一条接地气的途径。奥黛丽·赫本那深入到灵魂的慈悲和善良，则是灵魂净化的高级境界。

此外，如果你没法像我的闺密那样，走过很多很多的路，那么，最便捷的途径，便是阅读。

一个优雅女人所具备的气质，书里全都有。

真的。不信，你找两本看看。

女人最奢侈的护肤品，是与自己谈恋爱

1 ///

心血来潮做了巧克力熔岩蛋糕。量有点多，吃不完。想了一圈，能够接受这种高热量甜点的吃货朋友，也就只有艾琳了。

平日里约饭，最喜欢约艾琳。因为轻松。她基本上没有忌口，高糖高热量高脂肪的食物，只要味道好，闭着眼睛咬下一口，就能"嗯~嗯~"地享受。

给她吃自己烘焙出来的糕点，从不用费心解释，原方本来要放多少糖，我减了多少；黄油有没有改成更健康的植物油；奶油是用进口的还是国产的，植物的还是动物的；巧克力用的是代可可脂还是纯可可脂……

她从来不担心体形，也不把"减肥"二字挂在嘴边上，却也从未见她胖过。

给我开门的时候，她仰着头，顶着一脸绿莹莹的黄瓜片，连眼皮都贴着两片绿圈圈。

我随后进屋，关好门，打趣她："你也不怕进来个坏人，看也不带看一下就把人放进来。"

她小心地按住嘴边的黄瓜片，尽可能让发音清晰。"我这个样子，哪个坏人敢进来？"

说得也是。这份自知之明倒是叫人佩服得五体投地。

玩笑归玩笑。然而，艾琳本身的颜值可不低。三十出头的人了，肌肤依然吹弹可破，白皙嫩滑（这手感我可是亲身体验过的，别问在哪种情形下，闺密之间的"基情"，你懂的）。

很多人问她用的哪个牌子的面霜，她说了一个名不见经传的国产小品牌，从来没人相信。索性，她说用的兰蔻、倩碧、雅诗兰黛、LAMER、希思黎，反正脑海里闪出哪个大牌就说哪个，像皇帝宠幸后宫之前翻牌子一样。反倒信者云集，趋之若鹜。凡经她手翻过的牌子，公司楼下商场的专柜铁定断货。

我将蛋糕置于餐桌上，正好看见保鲜盒里用剩下的黄瓜片。切得薄薄的，像硫酸纸一样，轻薄透明。

我说："你也真有功夫。光这切黄瓜的水平，都顶得上半个米其林星级大厨了。"

她继续按住嘴边的黄瓜片，说："这可是我的 SK-II，能不认真对待吗？"

我心领神会地摇头乱笑。高档护肤品的梗，经她的一张利嘴说出来，总是笑料十足。

接下来，她用"莱珀妮"洗面奶洁面，"神仙水"拍脸，"海洋之谜"滋润肌肤。

手指在脸颊上敲弹几下，她眨眨眼，俏皮地说："瞧，这就是我肌肤光泽嫩滑的秘密。"

细心一看，你会发现，她所谓的大牌，不过是各大超市随处可见的各种名不见经传的国产品牌，价格亲民，包装接地气，丝毫没有任何奢华、高档、大牌的影子。

可她的同事们宁愿相信玩笑话，也不相信真言，真叫人啼笑皆非。

不过也难怪，像艾琳这样的大龄单身女子，没有爱情的滋润，肌肤还能这么好，气色还能这么红润，要说没有秘诀，那才是真真切切的谎言。只是一旦人们联想到秘诀的时候，总会不经意间为"秘诀"附上一层魔幻色彩，期待能省去无数曾打磨的功夫，一瞬间达成愿望，美成天仙。

其实，艾琳的真实"秘诀"不过是早睡早起不熬夜，心情愉悦不生气，从不拿别人的标准要求自己，从不严苛自己，吃喝穿住随心所欲。若干年始终如一日地坚持下来，身心无负担，快乐似神仙。相由心生，肌肤自然难得的好。

不需要高档护肤品，无须爱情的滋润，对自己好，好好爱自己，就是她最好的护肤品。

2 ///

遇到保养精致的女子，尤其"冻龄女子"，人们总会习惯性打听她肌肤保养的秘诀。

被称为世界上最漂亮女人的苏菲·玛索，到了知天命之年，依然浑身散发出少女般的灵动和令众生颠倒的魅力。

时尚媒体请她分享一下自己的保养技巧，她哈哈大笑，声称听到记者的赞美，就像吃到了维生素一样令人开心。

她说："我没有什么特别的保养方法，我每天的生活都很充实、积极。对我来说，身边人的爱就是最好的保养品。我是一个幸运的人，有很多人爱我，我也学会了怎样去爱其他人，这让我充满能量。在这里我说的这些绝不是什么无关紧要或者敷衍的话，我确实因为这种爱而感到心情愉快，这种受保护的感觉非常好。"

苏菲·玛索所谓的"爱"，很多人宁愿理解为男女之间的爱情，也不肯相信就是人与身边人之间的友爱、关爱。

毕竟，苏菲·玛索是一个活在爱情中的人。她到目前为止谈了四段恋爱，都不曾结过婚。

于是，远离婚姻里的柴米油盐酱醋茶，亲近爱情里的琴棋书画诗酒花，成了"爱情滋润肌肤"的最好代言，却也为多少不修边幅的单身女子，找到了一个冠冕堂皇的理由。

不谈爱情，活该肌肤粗糙，肤色暗沉。

大龄单身，活该郁郁寡欢，闷闷不乐。

没人陪吃饭，路边摊麻辣烫打发一餐。

没人陪看电影，哭花了妆也无所谓。

等爱情到来后，自然会气色红润，肌肤吹弹可破。

这么感人的逻辑，遇到这样女子的单身小伙，大概也是要感动得泪流满面吧。

可我喜欢较劲，喜欢打醒那些不清醒的姑娘。今天请出来给这些姑娘打脸的大美人，是丧夫后一个人也过得精彩的"红姑"——钟楚红。

3 ///

钟楚红再次活跃在人们视线内时，丈夫朱家鼎已经因患大肠癌去世。

她和亡夫没有孩子，下半生也不打算再嫁。

在世俗的人眼中，一个中年丧夫的"老女人"，不但没有孩子可以依仗，还要把自己的后路掐断，其后半生的状态肯定跟"孤苦"二字是脱不了干系了。

可翻遍她的微博，我们看到的全都是"明眸善睐""笑靥如花"。

和蔡澜老先生一同看画展，她身穿天蓝色衬衣，扎个丸子头，立在墙角，明媚似少女。

和张学友相拥合影，明眸皓齿，温柔娇俏，丝毫看不出岁月的痕迹。

和年轻模特合照，蔡澜先生豪放直言："没有一个比得上你。"

"风情何止万种，最红不过钟楚红。"

遇到红姑，连"风情万种"这样级别的词语，都显得不够用。

红姑到底有何种风情？黄霑曾在《今夜不设防》中讲过吴宇森见到红姑的反应。

"在几年前，电影工作室有一个圣诞节派对，有个《英雄本色》的大导演吴宇森。那晚他喝得很醉。突然之间，有一个很漂亮的女生走过来。那个女生呢，我记得非常清楚，她穿了一条虾肉色的牛仔裤，很贴身，宽松的衬衫。她就这样走进来，很自然地摇着走进来。当她摇着走进来的时候，离她大概有一百米远的吴宇森即刻好像触电一样坐了起来。'什么事啊什么事啊？红姑啊，红姑啊。'就是红姑了。"

香港电影极盛时期，除了"四大天王"，最响亮的名头莫过于"霞玉芳红、朝华润荣"这八个从影佼佼者了。

"朝华润荣"，指代梁朝伟、刘德华、周润发、张国荣。"霞玉芳红"，除了林青霞、张曼玉和已故的梅艳芳，剩下的"红"代表的就是钟楚红。

她是 20 世纪 80 年代最成功的花旦之一，19 岁参选"香港小姐"出道，被刘松仁所赏识，签约邵氏影业，从此一发不可收拾。

盛名之下，她选择婚姻，低调而隐蔽地过起了与先生的二人世界，对名利没有任何留恋。

她珍惜她与他的感情，仰慕眼前这个男人，每张与他在一起的合照都笑得格外纯粹，格外灿烂。

她放下明星光环，学烹饪学插画学摄影。他带她放眼世界，看山看海看峡谷。

两人情深意笃，琴瑟和鸣。

江湖传闻，有一天夜里醒来，先生发现来了小偷。他对小偷说："你想要什么都可以拿走，但请不要吵醒我太太，她在睡觉。"

携手相伴 16 载，他给了她足够的关爱和呵护。以致先生去世，她伤心痛苦过后，依然可以坚强地挺过来，对媒体笑称："丈夫给我的爱，我一生受用。"

她答应丈夫要好好活下去，于是我们经常看见一个面露微笑、灿若夏花的红姑。

54 岁时举办个人摄影展。宣传照中，她手持专业相机，戴着熊猫太阳镜，一身白衬衣，微风挑起几缕额前碎发，万种风情一如当年。

她的摄影作品将镜头对准香港的角角落落和普通市民的日常生活，充满浓烈的人文关怀和气息。

为时尚大刊拍摄封面照，明眸善睐，顾盼生辉，红唇红衣，烈火如歌。

她每年都会去一两个没去过的地方。遇到山就爬，遇到温泉就下。

搭地铁，坐巴士，上集市买菜，躺在草地上晒太阳。日子过得不温不火，却也自在快乐。

她喜欢养花，知道什么时候给什么花施肥，什么时候需要多浇水，什么时候需要少浇水。

养花，旅行，摄影，当环保大使，拍广告……她活得精彩，充实，每天都不需要为打发时间而苦恼，更无须担心寡居人的孤独侵蚀。

一个曾经红极一时的明星，又保养有方，拍戏的邀约不断，大把的机会复出，她却选择远离名利场，随心地过着自得其乐的生活。

爱抚动物，侍弄花草，逛美术馆、博物馆，来场说走就走的旅行，这些曾经同爱人一起做的事，她依然在坚持爱着，依然在被爱情滋养着。只不过与她同行的人换成了自己，她爱的人也换成了自己。

因为爱自己，她感觉到人生的自由和富足。

因为爱自己，她才能自内心深处笑得光彩照人。

因为爱自己，她孑然一身不需对抗孤独。因为孤独从来不敢偷袭这样的美人。

因为爱自己，她从来不惧眼角悄悄爬上的细纹。

因为爱自己，连岁月都偏心地厚待于她。

4 ///

身为女人，时时刻刻都要跟时间对抗，跟岁月对抗。

当青春不再，韶华老去，当细纹悄悄爬上眼梢，护肤和保养自然成为女人维持容貌的首选。

有人选择大牌护肤品，怎么贵就怎么往脸上抹。有人选择打美容针，有人选择整容。

如今，每一项美容整容项目，都可以打上科学的名义，可科学敌不过岁月啊。

她们大声嚷嚷着："我要美啊，我要青春永驻，长生不老。"

你猜岁月会怎么回答？

他会说：门儿都没有！

可有一种人，他一点办法也没有。

这种人不在乎岁月侵袭，不在乎年华老去，认真对待自己生活中的每个细节，充实地度过每一个时刻，从容地看待生命中的每一个阶段。

她们宠爱自己，像恋人一样为自己制造浪漫，全身散发出因爱的滋养才能萌生的自信和魅力。

她们自信，骄傲，热爱生活，光彩照人。

她们是生活的主宰，是岁月的强劲对手。她们都有一个共同的恋人，叫自己。

一个人出生的时候，容貌由父母的基因决定。

而当她寿终正寝的时候，她脸上显示的，全是她这一生走过的路，爱过的人和做过的选择。

爱情是可以选择的。不论是爱人到来之后，还是爱情缺席的时候，我们都可以选择先宠爱自己。

爱自己，需要像男女恋爱一样追求一定的仪式感。

一顿烛光晚餐，一次香薰 SPA，一个心仪已久的口红色号，或坐在楼顶，一手啤酒一手炸鸡，观看楼下的风景……

对生活有热情，对节日有憧憬，看似俗套的仪式，其实是我们热爱自己的证明。

网传和自己谈恋爱的好处，简直数都数不清，起码，不会选错餐厅，不会弄错精油和风油精，不会选错口红色号……

还有一个最大的好处：从来不用担心出现第三者。

女人最高级的情商，是温柔

1 ///

跟老公刚认识不久，房子就开始装修。虽说两人都有意，也都是奔着结婚去的，但是名不正言不顺。装修方面，我大多是作陪看看，很少发表意见。

那时，我们的约会地点不是在装修公司，就是在各种建材家居广场。约会内容是看设计图，看门，看灯，看地板砖，看五金件。

在货比三家的途中，彼此都在小心地试探和推测着对方的审美品位和价值取向。关于结婚的事，谁都不曾开口提起，心有灵犀一般默契地等待新房装修完毕。

难免俗的，遇上师傅偷工减料，卫生间的瓷砖出现大面积空鼓。跟装修公司反映，拖了两个星期，公司都不肯给出一个说法。老公憋不住气，一个电话直接打到公司老板那里。老板约好时间，带着设计师、监理和施工负责人一齐来到施工地。

双方各有抱怨和委屈，一时短兵相接，气氛变得火热。

活了大半辈子积蓄买下的房子，遇上糟心的装修施工，未来公公一想到这，就顾不上保持了大半辈子的风度，神情激愤，声音的分贝都可以媲美歌剧院的女高音了。连带着老公也开始情绪激动，对装修公司放起了狠话。

除了老板外，整个装修团队都是年轻气盛，年富力强的，有理没理，至少声音与气势上，他们是不肯服输的。

我轻声将老公叫到一边，小声提醒他要控制情绪，不要因为情绪失控让有理的人变得无理，从而失去谈判的砝码。

他惊诧地问我："我刚才情绪失控了吗？是不是看起来很凶？"

我说："都没关系。现在淡定下来还来得及，语速放慢一点，好好说话。"

他长吁一口气，回头再跟对方理论的时候，声音低了两个八度，情绪也淡定了许多。

正在据理力争的时候，一直在默默旁观的老板突然问老公："这是你们的婚房吗？"

老公一时没明白对方用意，疑惑地"哎"了一声。

老板耐心地问："这是你们打算用来结婚的新房吗？"

老公回头看我一眼，一世的柔情都集中在那一瞬的脸上。他说："这还用说吗？"

老板说："好！我看这么办，整个卫生间都敲了重贴，瓷砖的钱一分不少全退给你，新砖的费用包在我身上。再给你们的装修全款打个九折，就当我送你们的新婚礼物。"

这个决定来得太突然，令在场的每一个人都有点难以置信。

老板也不多解释，看看手表，跟在场的告别一声，就步入了电梯间。我和老公出门相送。

临进电梯前，老板突然回头对老公说："蔡先生啊，找到这么温柔的太太，是你的福气，要珍惜啊！"

直到这时，我们才意会到究竟发生了什么。

原来是我一个不经意的劝导，令装修公司老板做了那个决定。

他夸我温柔，但其实，我并没有刻意为之，只是不愿看到无法收拾的局面。

没想到，歪打正着，竟然取得了意料之外的效果。

房子刚装完，验收，一换上新钥匙，老公就将大门钥匙交到我手里，说："以后，这里就是你的家了。"

从那之后，我意识到温柔的力量，并开始有意往温柔的气质上修炼。

在学习的过程中，我渐渐地发现，温柔不仅是一种气质，更是一个人情商高的表现。

2 ///

温柔的女子，谦卑善良，懂得换位思考，能将心比心，原谅他人之错，用宽大的胸怀化干戈为玉帛，化戾气为祥和，将恶意转变为温情，让人如沐春风。

有这种能耐的女子，脑海里第一个闪过的名字，是林志玲。

有着台湾第一美女之称的林志玲，柔语婉转，仪态万方。

以30岁"高龄"一夜爆红，一红就红了十多年，也美了十多年。如今40多岁，依然无人能撼动她台湾头号美女的宝座。

她脸上始终挂着得体的微笑，说话的语气一向保持平和，姿态永远优雅。她最迷人的地方，不仅仅在于颜值，更在于骨子里透出的柔情与和善。

娃娃音、花瓶、装、嗲，自她走红以来，质疑她的声音就从来没断过。姑且不论这些是否属实，单论一个人能十几年如一日地装，也不失为一种修为。更何况，她的修为里包含着无懈可击的温柔力量。

因为身材高挑，每当与比她矮的人合照，她都会下意识地半蹲。与人握手，她都弯腰屈膝。出席活动时，她干脆穿平底鞋。哪怕与造型不搭，也要照顾身边人的情绪。

被狗仔队跟踪回家，她还会转过身对他们说："谢谢你们送我回家。"

她有问必答，不论多难堪的问题都会尽量回答，不发脾气。

小S经常在自己的节目和公众场合里调侃她。对此，她说："大家都知道，小S和我的个性截然相反。记得有一次，她私下和我说：'我也只能讲你，讲别的女明星我怕人家真的生气。'你看，这也是因为了解我，如果不了解，也不会找一个人一直开玩笑。"

在台湾的一次代言活动中，商家为了营造"仙女下凡"的效果，往她身上喷白烟，将她吊在半空中，还要应商家要求摆出各种造型，微笑着任人拍照。事后有记者对她表示担忧，她说："烟雾太大，一开始我没看到绳子。如果我不小心掉下来，就当是落入凡间吧。"

无论她多么努力，质疑和诋毁铺天盖地，从未间断过。她依然坚持以柔和的方式，让时间做出最好的证明。

在真人秀《花样姐姐》里，人们看到了她的礼貌和气度，真的是出于善意地在乎别人的感受，而不是矫情做作。

李治廷管账犯错误，被剧组罚款，使得他没有钱买足门票。林志玲来道晚安时得知真相，第二天便悄悄用自己的零用钱买门票，解了燃眉之急。

李治廷在节目中透露过一个细节。为了介绍旅途景点，他做了很多功课，可临阵上场依然难免说错。

林志玲大学时修的是西方美术史，对于李治廷的错误，她心知肚明，却从不在众人面前拆穿，纠正，只会私下里找机会对他说："我记得我以前也读到过……"

不仅帮李治廷补全了知识，还顾全了他在众人面前的颜面，其体贴周全，可见一斑。

在情人节活动的那期节目中，李治廷和 Henry 为林志玲的礼物意见不合，一个认为白裙高贵典雅，一个觉得粉裙艳丽夺目。两人相持不下，将两条裙子都买下来，把选择的主动权交给林志玲。

李治廷还立下誓言："如果志玲姐姐没有穿我选的白色裙子，我就不干了！"

当林志玲的香车来到饭店门口，早已在门口等待结果的李治廷和Henry都暗捏了一把汗，翘首以盼。

志玲姐姐下车来了，款款向两人走来，粉色身影摇曳生姿。李治廷大失所望，垂头丧气地跟着大家一起进入饭店。

席间，林志玲解开粉裙扣子，露出里面的白裙，李治廷才发现原来林志玲同时也穿了他选的那件。

较真的他不甘心地问林志玲："你内心是喜欢哪一件？"

她说："我觉得两件搭起来刚刚好，两个加起来就是我。"炎炎夏日，两件衣服叠穿，其炎热程度可想而知，可她要照顾两个人的好心，只有委屈自己。

李治廷跟Henry说："我们俩都输了。"

Henry说："不，是我们俩都赢了。"

当然得双赢。不赢，岂不辜负了志玲姐姐的一片好心？

很多朋友说林志玲，你呀，就最喜欢传递那种什么，快乐正面的能量了。

她说，这很重要啊。当你可以传递快乐的能量，你就会有这种善的互动。当人们有了善的互动，你会发现当你付出，你就更喜欢自己。于是你就会拥有长在心底的善良，以及这种快乐的能量，进而拥有长在骨子里的坚强。

《精彩中国说》中，她一再强调："我要用柔软的力量，让时间推移，然后用女人如水的姿态，温和但是很坚定地走出我自己的道路。我不要让他人的声音来决定我的价值，我要用我自己的行动来决定我自己的价值。"

何意百炼刚，化为绕指柔。

她始终坚信温和的力量，温柔地拥抱身边的人，换来的，是被岁月温柔地对待。

如今的志玲姐姐，凭借其柔软的力量，用时间向世人证明了自己，成功圈粉无数。就连很多对她充满敌意的女同胞，都由黑转路，由路转粉，可见其魅力。

3 ///

温柔的女子，媚眼如丝知冷暖，纤纤手指知轻重。

一个眼神，能诉说出无尽爱意和关怀。轻轻一触碰，就可以令寒冰融化，治愈受伤的心。

20世纪最伟大的女演员之一，奥黛丽·赫本，一生获得五次奥斯卡最佳女主角提名。她不仅拥有无可争议的演技，惊艳于世的美貌，更令人叹服的是，拥有一颗细腻敏感的温柔心。

尤其是她那双小鹿受惊一般无辜的大眼，蕴含着似水的柔情，具有爱与治愈的能量。

奥黛丽·赫本的大儿子肖恩，曾在他撰写的关于其母亲的回忆录《天使在人间》中，提到过一次自己的演戏经历。

12岁的时候，他参加学校组织的话剧表演，要扮演一个因研究臆想症而患上臆想症的角色。角色在戏中有大段独白，语言前后矛盾，逻辑颠三倒四，台词晦涩难懂。这对于一个年仅12岁的小演员而言，无疑是一个巨大的挑战。

他请教母亲赫本，她给他的建议是：读懂剧本。但是首先你要明白这种疾病到底是什么，会造成什么样的伤害。

依照母亲的建议，他去请教身为精神病学专家的继父，了解了有关臆想症的所有问题。

可随着正式演出的临近，肖恩越来越担心自己会忘词，当众出丑，变得越来越紧张。

赫本看出了儿子的焦虑，温和地告诉儿子："想知道我是怎么做的吗？我会在睡觉前大声朗读一遍我的台词，然后第二天当我睁开眼睛后，我会再来一次。"

肖恩问："就这样？"

"就这样。"母亲温柔地看着儿子，声音中充满了力量。

演出当天，送儿子出门搭乘校车时，赫本还叮嘱儿子："上台的时候，你会觉得自己什么都忘记了，千万别紧张，这很正常，每个人都会有这样的感觉，只要放松下来跟着节奏表演就行，千万别着急。"

儿子谨记母亲的叮咛，正常发挥，获得了演出的成功。

演出结束后，肖恩才发现，母亲一直站在远处的树荫下观看他演出。

赫本告诉儿子，她怕影响他的情绪，给他增添压力，所以没有坐在前排，而是选择站在角落里，静静地观看。

"女人的美应该从眼睛里散发出来，因为眼睛通往她充满爱的心房。"

有着一个内心装满爱的母亲，并能时刻从母亲温柔的眼神里获取关怀和力量，肖恩一定是个幸福的孩子。

同样幸福的，还有一匹名叫 Gui-Pago 的马。

1959 年，赫本出演电影《恩怨情天》（The Unforgiven）时，不慎从马背上摔下来，摔断了四根椎骨，还扭伤了脚。

当时，赫本已经怀有身孕。所有人都怕她瘫痪，她却只担心会不会流产。

被送往医院的途中，她躺在担架上，忍住疼痛，微笑着向记者们挥手，怕人们担心她。

身受重伤，疼痛难当，还要顾及他人的感受，如此善良，如此坚强，难怪所有人都喜爱她。

在医院的治疗过程中，她最终不幸地失去了孩子。

经过一个月的疗养，她重新回到片场继续影片的拍摄。

当再次来到令她身受重伤的 Gui-Pago 面前时，她丝毫没有恐惧，而是缓缓走上前，轻轻抚摸 Gui-Pago 的额头。Gui-Pago 则半闭双眼，乖顺地享受女神的触摸。

这部电影，可谓多灾多难，先天不足，后天不济，上映后被影评人评论"莫名其妙"。而赫本与小马的故事却成为人们津津乐道的谈资。

只有有爱心的人才真心喜爱动物，关爱动物。赫本喜爱小动物是公认的事实，除了 Gui-Pago，与赫本结缘的还有一只名叫 Pippin 的小鹿。

拍摄电影《绿夏》（Green Mansions）时，需要一只随时跟随在她所扮演角色身边的小鹿。她听从动物训练师的建议，将 Pippin 带回家，亲自给它喂奶，抱着它阅读，睡觉，与它共处一室，走街串巷，形影不离。

晚年的赫本更全力投身于公益慈善事业，奔赴非洲和拉美国家，将笑容和怀抱献给需要帮助的儿童。那些孩子不知道她是谁，却都喜欢投入这个安静女子的温暖怀抱。

人们都说，赫本是天使，是上帝从天堂派来温暖人间的。她坠落凡尘，用善良和爱心，为饱经战乱之苦的人类带来快乐与祥和，使人们相信，无论身处逆境还是经历磨难，都一定要坚持下去。

她被称为有史以来最美的女人。她的美，不仅仅在于令人惊艳的容貌和举手投足的优雅，更在于，她媚眼如丝的温柔和轻触心灵的爱意。

4 ///

能够认识自己，放下过去的伤痛，宽容他人的过错，用慈悲心接纳他人。心理学上称之为情商高，放到女子身上，我则更倾向于将它们概括为"温柔"。

温柔是坚不可摧的力量。可屈可伸，有温度，有柔情，如春风化雨，润物细无声。

温柔是女人独具的气质，根植于为他人着想的善良，通过眼神和抚摸，到达受伤的心房，传达出爱的能量。

温柔的女人是春天润物的细雨，是拂过面庞的清风，如一本经典著作，蕴藏着读不尽的内涵与神韵。

温柔是最高级的情商。天下之至柔，驰骋天下之至坚。

世间女神千千万，唯有温柔的女子才是真女神。

宠爱自己

近些年流行"女汉子"，为多少脾气火暴、心直口快、大大咧咧的姑娘找到了庇护所和不努力的借口。

然而情商这一硬伤，却在工作、生活和感情中，为女汉子们设置了无法忽视的障碍。多少恋情失败，是因为控制不住的"坏脾气"。多少暗中遭人算计，是因为自以为是的"耿直"。

　　"女汉子"不该是一个女子不温柔的理由。一个温柔的女汉子，代表着坚强里的婉约，感性里的教养，冲动下的克制和自由背后的自律。

　　温柔是装不来的，却可以学习和自律，由内外兼修而来。

　　穿对衣服，提高衣品，找到适合自己的风格和妆容。

　　笑容多一点，说话语速放慢点，声音柔和一点，心思细腻一点，礼貌多一点，对他人尊重一点，坏脾气自然会让路，温柔自然会得进主宫。

　　愿你温柔拥抱岁月，也被岁月温柔以待。

命运予我千疮百孔，我回报以笑靥

1 ///

自从综艺界的清流《朗读者》横空出世，弯弯家的遥控器之战宣告休止了。这实在是一档老少皆宜的好节目。老一代看情怀，中年人看情感，年轻人看文化，一家人终于可以安安静静地坐在一起，观看同一档节目了。

这一期，请来的嘉宾是倪萍。

这个曾经的央视当家花旦，从31岁主持《综艺大观》开始，连续主持了14届春节联欢晚会，是主持界当之无愧的"扛把子"。

那个时候的她，美丽而不高冷，大气也接地气，从容又颇有人情味，成为整整一代人心目中的女神。

还记得当年，赵本山在春晚上说，倪萍是他的"梦中情人"，引起台下掌声和欢呼声一片。他说出了无数人的心声啊！

可当她突然出现在《朗读者》的舞台上，弯弯一家老小看到的，是一个面部浮肿松弛、容颜暗淡老去、气质慵懒的女人。弯弯的公公不经感慨道："这是倪萍吗？这些年，她都经历了什么呀？"

没错，她就是倪萍，如假包换，童叟无欺。

也正如弯弯公公所猜测的那样，隐退的这些年，她一直在"直面"惨淡的人生。

因儿子患有眼疾，她放弃了如日中天的主持事业，国内国外地跑医院，把家底都掏空了。

那个时候，她一心只想着要治好儿子的病，眼里只有儿子，没有任何空间再容下第二个人。结果，儿子没彻底治好，婚姻也破裂了。

强大的压力下，她常常坐在沙发上一根接着一根抽烟，心急气躁。渐渐放弃自己，有时，裹身劣质棉大衣，蹬着平底布鞋就上了街。

刘晓庆看不下去，托人告诉她，要将自己捯饬捯饬再出门，但她充耳不闻。

有一次去菜市场买菜，一个卖鱼小贩认出她，抓住她的手，哭了起来："你怎么老成这个样子了？你是不是过得很不好啊？"

托马斯·卡莱尔说，未经过长夜痛哭的人，不足以谈人生。

生活里从来没有容易可谈。当一个人领教过命运的无常，体会过无尽苦难中的绝望，还能以高昂的姿态歌唱人生，那么，不是他的苦难不够深重，就是有人替他消灾解难。

人都是脆弱的。工作不顺，就想要嫁人，一劳永逸；失了恋，就不再相信爱情；失了婚，天下男人都成了负心汉。

当命运的齿轮碾压过来时，我们往往仓皇得无处可逃，又哪有空隙去顾及面对命运的姿态呢？

风中凌乱的头发，浮肿的双眼里充满怨念，黝黑松弛的肌肤写满憔悴，衣冠不整地碎碎念：我被工作欺骗了，我被爱人欺骗人了，我被生活欺骗了……

你向人们显出受难的容颜，引来唏嘘一片，或许有怜惜，或许有感慨，可也仅此而已。

你不甘心，再次向人们展示已经结痂的伤口，不断渲染苦难的深度。人们看一眼伤口处粉红色的增生组织：哦，那还能算皮肤吗？

你敏感的神经看出了人们眼里的嫌恶，开始指责他们铁石心肠，对受尽苦难的脸庞无动于衷。

可围观的人们也觉得委屈，认为你消费自己的苦难。伴随着"哀其不幸"而来的，多半还有"怒其不争"。

的确，苦难净化不了心灵，它只会将细腻和敏感的棱角磨钝；悲剧也无法让人变得崇高，只会让无数失意的英雄从此幻灭。那又何必一定要拉上一群观众，活灵活现地讲述苦难容颜的来历呢？

周国平说，人天生是软弱的，唯其软弱而犹能承担起苦难，才显出人的尊严。

总有些人面对命运的千疮百孔，从不抱怨，展现在人们面前的，永远是灿烂的笑脸，用从容书写着生命的尊严。

这样的人，譬如郑念。

2 ///

郑念，人称大上海最后一位贵族小姐。

网上能搜出的她的每一张照片，都是从容淡定的笑颜。

花白的头发微微卷曲，目光清亮而真诚，面容清秀又柔美，姿态优雅至极。岁月虽在她的脸庞上刻下了时光的印记，终究没能夺走她高贵典雅的气质，反而衬托出她超脱尘世的美。

这样一张容颜，绝对不会令人想到"命运多舛"这四个字。然而，那个特殊的年代，却让她经历了九死一生的命运。

她是北洋政府官员家的小姐，曾在英国留过学，留学期间结识了后来的外交官丈夫，也顺理成章地成为外交官夫人。

后来归国，丈夫病逝，她出任壳牌石油上海分公司的总经理，直至公司撤出大陆。

充满西洋因素的出身和经历，令她在那个特殊年代锒铛入狱，吃尽了苦头。

她本来穿的是旗袍，住的是整洁明亮的大洋房，吃的是西式精致甜点，有得是佣人伺候，从不知人间疾苦。进入看守所后，她才第一次发现，世上竟有如此简陋、肮脏的地方。

但她没有将富贵小姐的娇生惯养习性带入狱中，一声不吭地自己清洗衬衣，清洗床板，擦洗窗户玻璃，用米饭当糨糊，在沿床的墙面上贴上手纸。环境再恶劣，也要尽最大可能保持住所干净整洁。

她还借来针线，用毛巾缝制出马桶垫，用手纸缝制脸盆盖，还用手帕剪裁出眼罩。在艰苦的条件下，依然坚持着对生活的要求和热爱。

为了活下去，再难吃的东西她都会尽力吞下去；为了保持头脑清醒，她自己发明了一套体操，不断练习。

持久不断的折磨和与人隔绝的日子，不断地侵蚀着她。即使被关进小黑屋，她依然不愿承认莫须有的罪名，顽强抵抗着。

她就像自己在放风时发现的一株小红花，虽然被野蛮生长的杂草包围，依然傲然伫立在丛中，沐浴着灿烂骄阳，永不放弃生的希望。

因为受到酷刑，她的双手差点致残，她却毫不恐惧，并安慰自己："世上有许多名人都是双手残疾，或者根本就没有手。"

每次方便后，她都要拉上西裤拉链，宁肯忍受撕心裂肺的痛，也要衣着得体。

有好心人劝她放声大哭，以博得看守的同情，她谢绝了。

她说："我每每看到有人放声大哭，总觉得十分不安，就像看到有人被剥去衣衫裸露着身子似的。我们自幼就接受了要抑制自己感情的教育。为了不轻易掉泪，我做了长年努力来锻炼自己的意志。这样渐渐地，我已把哭泣视为软弱无能的表现。"

她在看守所待了整整六年，受尽非人的虐待和拷打，出来时，已经是年近六旬的老太太，却突然得知唯一的女儿死于非命。

身陷囹圄，亲人一个个离去，命运将她一步步逼入绝境，她依然以非凡的勇气，誓死捍卫自己的尊严，不失理智，秉承信念，坚强地活着。

话说，有一种情感叫落叶归根。她却以 65 岁高龄，只身出走美国，不得不重新适应新的生活方式和环境，比如在高速公路上驱车前行，比如去超市大采购，再比如学习用自动提款机。

她将自己的经历创作成自传小说《上海生死劫》，在英美出版界引起一阵轰动。该书中文版翻译程乃珊首次与她接触时，这样描述她：

"已 74 岁的郑念开着一辆白色的日本车，穿着一身藕色胸前有飘带的真丝衬衫和灰色丝质长裤，黑平跟尖头皮鞋，一头银发，很上海……"

"她是那样漂亮，特别那双眼睛，虽历经风侵霜蚀，目光仍明亮敏锐，只是眼袋很沉幽，那是负载着往事悲情的遗痕吧！"

眼因多流泪水而愈清明，心因饱经忧患而愈温厚。说的就是郑念这样的女子吧。

3 ///

如果说，郑念的容颜是历经沧桑后的优雅从容，那么刘嘉玲的容颜，就是经年蜕变的雍容大气。

时尚界常夸刘嘉玲，50 岁的年纪拥有 20 岁的身材。她气场强大，对时尚的驾驭力超强，既能御姐范，又能少女心，红毯走秀几乎没失过手。

她是很多年轻女子的生活样板。女人们做梦都想拥有她所拥有的一切：不老的容颜，超高的情商，风生水起的事业，以及不离不弃的良人。

然而，命运并没有从一开始就眷顾她。她的运气从来就不好，从出道开始就一次又一次面临窘境，可她从没有放弃努力，活生生将自己活成了一个传奇。

她是生不逢时的。那时的香港娱乐圈，已经被风格各异的各色美女抢占山头。万种风情张曼玉，性感女神钟楚红，浑然天成王祖贤，搪瓷娃娃关之琳……她们美艳动人，不食人间烟火，翩翩似仙。

唯独刘嘉玲，虽也是公认的漂亮，却自带一种世俗的烟火气，给人强烈的现实感。

她 15 岁随家人从苏州移居到香港，穿着黄上衣和鲜红喇叭裤，自以为站到了时尚潮流的尖端。报名参加无线艺人培训班时，一张口，浓浓的乡音遭到无数人的嘲笑："土掉渣的北姑，竟然还做明星梦。"

从此"北姑"这个称呼跟随了她很多年，也让她自卑了很多年。

这个从北方大到来的"土妹子"，赌上这一口气，请来训练班的老师教她粤语，读新闻，唱粤语歌，每天录音交给老师审核纠正。一年后，顺利考入训练班，逐渐熬出头，在演艺圈"九龙女"中占有一席之地。

可人们见多了神仙似的美女明星，并不待见这位接地气的大陆妹。有人不喜欢她"看上去有野心"，有人不喜欢她作风大胆豪放，也有人不喜欢她"傍豪门"。不论听到多少冷嘲热讽，咬一咬牙，她都坚强地挺过来了。

她和梁朝伟，一个像火焰，一个似海水，性格迥异，一直不被人看好，一路默默走来，竟也携手了30年。

2002年遭遇《东周刊》事件，梁朝伟担心她承受不来，对她说："如果你想退出演艺圈，我陪你。"

她没有选择退出，而是勇敢地站出来反抗。很多演艺界明星来支持她。人们也经过此次事件，看到了她美丽外表下的坚韧和勇敢。

这是一个有灵魂的女子，从来不甘心命运的捉弄，可以将苦难化成一首催人向上的诗。

多年以后，再次提起往事，她心存感激："若是阮玲玉，早已死去一百次了。但我是刘嘉玲，我会活得更好。"

这一次，她不仅活得更好了，还彻底消除了自卑感，越活越美了。

只是命运这东西，太顽劣，依然不肯对这位历经大风大浪的美人一亲芳泽。

在那个人才辈出的光辉岁月，个个演技精湛，香港电影金像奖的赢家轮都轮不过来，留下无数遗珠。其中男明星中有成龙、张学友、古天乐和郭富城。而女明星中，刘嘉玲绝对可以算得上一颗璀璨的遗珠。

她被提名6次，次次铩羽而归。在自己认为发挥最好的《阿飞正传》那次，五个提名人中，只有她一人出席。她想，这回该她了。没想到依然落榜。她有些蒙。朋友过来安慰的时候，她再也控制不住，哭了。

"我有问过自己，我是不够努力呢，还是运气不够好？我没有觉得自己不会演戏，只是欠缺一个让人家懂得欣赏我的角色。"

时隔20年，第六次提名终于拿到奖。她说，得失我早已看淡，但是没想到拿奖那么开心。然后，像个大笑姑婆哈哈哈地大笑。

到这个时候，真的是云淡风轻了。

电影《阮玲玉》成就了张曼玉，却很少有人记得刘嘉玲在里面也有个小角色。影片导演剪辑版里，关锦鹏问刘嘉玲："你希望几十年后还有人记得有个演员叫刘嘉玲吗？"刘嘉玲说："我绝对希望有。我希望有人提到九十年代的明星时，无论数到第几个，起码有数到我。"

如今，九十年代那些红极一时的女明星，嫁人的嫁人，息影的息影，只剩她，一路坚持到现在，还在挑战不同的角色。电影演员、真人秀嘉宾、综艺评委，每次出现，都以烈焰红唇笑出强大，气场逼人。

刘嘉玲身上还是有烟火气的，只是现在的她，更多了一份入世之后洞然一切的豁达——她"出世"了。不像我们很多人，还没入世就急于想要出世。

有人说，刘嘉玲的一生是普通人的一生，没有奇迹，没有缥缈的救赎。这一路走来，每一次蜕变，都是她用永不放弃的努力换来的。

镜头前出现的她，永远在自信地微笑，耀眼得让你无法忽视她的存在。

我想，我们看不到她的眼泪，不是因为她没有泪，而是像她这样强大的人，多半会选择将痛苦和眼泪隐藏，用笑容来面对人生的苦难。

而今，年逾五十的她，活得更加随意潇洒，笑容更加自信、迷人。也许，命运的高低，就在这笑容上。

4 ///

可人为什么一定要经历苦难呢？

"我觉得自己始终有一种使命，我受过的这些苦，一定是为了什么值得的东西。"华莉丝·迪里给出了这样的答案。

如果你摆正了心态，一定会发现苦难不会无缘无故地来。它一定是在身后藏下了一个礼物。你满面愁容哭泣时，看不到它。只有昂起头，抹干眼泪，它才会在你微笑的眼角闪现。

华莉丝，第一位登上《VOGUE》的黑人超模，被选为福布斯30位全球女性典范之一。

她1955年出生在索马里沙漠。母亲为她取名"华莉丝"，取意"沙漠之花"。这是一种绽放于荒芜和贫瘠中的粉色花朵，只要些许雨滴的滋润，就能开出坚强的姿态。

华莉丝的人生，果如母亲所愿，如同绽放在沙漠之中的花。只是，她的前半生，只有沙漠的荒芜和贫瘠，没有雨露。

她 4 岁被父亲的朋友强暴，被父亲视为不洁的屈辱。

5 岁那天，她分到了比寻常更多的食物。小小的她哪里知道，命运即将在她幼小的心灵烙下永不磨灭的印记。

第二天，还在睡梦中的她被母亲轻轻摇醒，带到一片小树林，放到一块大石头上。

一个年迈的吉普赛女人，拿出一把血迹斑斑的刀片，伸向她的下体……

她被施行了割礼。

没有麻醉剂，整个"手术"过程痛苦而漫长，小小的她一遍又一遍在母亲怀里疼晕过去。

她哭着对母亲说："妈妈，我下面在流血。"

因为伤口感染，她高烧了两天。然而，她还是幸运的。毕竟，她活了下来，两位姐姐却没有。

可很长一段时间，她一直都在怀疑，这样的存活，到底是幸还是不幸。

接下来 20 多年的漫长岁月里，她每次小便都要花上十几分钟，每次来例假，都痛不欲生。

有时，她也想，这样活下去，还不如一死了之。

13 岁的一天，父亲领来一个 61 岁的老头，对她说："华莉丝，你就要嫁给他了。"

她不愿屈服于命运，在母亲的帮助下，孤身一人，在沙漠里狂奔。

又渴又饿，她要跑；光着双脚，她要跑；脚肿了流血了，她也要跑。她只知道，只有奋力奔跑，才能远离那片苦难之地。

见到外婆时，她已经遍体鳞伤，体无完肤。外婆说："受这些苦，肯定是为了些值得的东西。"

是什么呢？她暂时还不知道，只想有个安身之处，平平静静地过日子。

她被带到英国，在快餐店做服务员，终于遇上了生命中的雨露——特伦斯·多诺万。

这位给戴安娜王妃拍过照的著名摄影师，惊讶于华莉丝的侧颜之美，看到她巨大的潜力，并将自己的名片递给了她。

"做模特总比当服务员强吧。"她拨通了特伦斯的电话，从此改变了她的一生。

20 世纪 90 年代，她的倩影出现在繁华商区每一个最醒目的广告牌上，成为模特界最耀眼的"黑珍珠"，为香奈儿、露华浓、欧莱雅、李维斯等国际大牌代言广告，并被选为 007 系列电影的邦女郎。

成名后，她开始像外婆说的那样，思考自己存活下来的意义。"我相信我所吃的苦都是上帝的安排，我能够挺过来，就说明我有存在的意义，所以我要痛快并有价值地活着，无论前路有多艰险。因为有了信念，我从不畏惧！"

她对媒体说出了幼年时经历的那个永恒之痛，并成为公开谈论女性割礼的第一人，引起世界轰动。

之后，更是毅然放弃了如日中天的模特事业，投身到非洲反割礼运动之中，被任命为联合国反割礼大使。

她将自己的经历写成书，取名《沙漠之花》，后来被拍成电影，引发无数人对非洲女孩的同情和帮助。

此后的岁月里，她一直致力于解救那些受割礼残害的女孩。在她的努力下，非洲 28 国先后废除了这一陋习，使无数女子重获新生。

而她，也通过手术，过上正常人的生活，嫁人生子，收获了自己的幸福。

她是沙漠里最顽强的那株花，不仅通过不懈努力，摆脱了自己的苦难命运，破茧成蝶，还将苦难赋予的礼物赠给千千万万跟她一样苦难的女子，令她们脱离苦海，找到新生的希望和勇气。

还有什么比这更动人的呢？

5 ///

有首歌里唱道：真的很庆幸，我没有活成苦难的模样。

人生的道路不会一直都顺畅，中间也许有坎坷，有挫折，有考验。

苦难不会因为你的微笑而消失。可是，再苦的磨难，总有一天会翻篇。

生活可能欺骗你，但容颜欺骗不了人的眼睛。

是胜是败？都在你的容颜里。

生活不是梦想。我们不能奢望沉溺在幻想里，让痛苦和苦难自动消散。

该来的总会来，该遭遇的都必须去遭遇。你只需要一步一步走过来，走着走着，天自然会亮。

但愿天空泛白的时候，迎接朝阳的是你灿烂的笑靥。

古龙说，笑得甜的女人，将来运气都不会太坏。

有研究表明，情绪是双向的。内在情绪状态可以决定我们的表情、动作，同样，外部表情、动作也可以影响我们的内部情绪。

比如，面试时因为有底气，我们会变得自信。反过来，自信也会给我们带来更足的底气，使我们在面试的时候得到更好的临场发挥。

当我们微笑时，笑容会给我们传达愉悦的信息，使我们变得高兴。

也许你双颊没有酒窝，没有可爱的虎牙，可当你微笑的时候，笑容会在脸上绽放出晨曦般的光芒。即使背后的暗夜尚未褪去，你眼前的天也会开始敞亮，迎来新的黎明。

第二章

我若离开，

必以花的姿态

我若离开，必以花的姿态

1 ///

去闺密单位，院子里的一辆黑色奥迪赫然在目。倒不是它比其他车有什么过人之处，只是车前挡风玻璃上的字太过醒目：渣男小三，车毁人亡。

鲜红色的口红勾勒出的笔划，透出执笔人不可遏制的怒意，触目惊心。

闺密解释，单位一已婚男同事出差期间重遇旧爱，天雷勾动地火。男同事出差回来，就跟新婚不到三个月的妻子提出离婚。女方带领三五个壮汉三天两头来单位闹一场。

本来男方自觉愧对新婚妻子，打算净身出户。经这么一闹，男方恼羞成怒，跟女方争分家产，锱铢必较，没让前妻得到一点好处。

走出单位时，院子里一阵骚动，引起围观无数。顺势一瞧，骚动来自黑色奥迪车的方向。车前挡风玻璃上的字已被抹去，只剩一团模糊不清的印记。

一个蓬头垢面的女子，拉扯着男子的衣角，边哭边喊。男子用力挣脱，丢下一句："你是疯了吗？早知道你这么神经，当初瞎了狗眼才会看上你！""哐"地猛摔车门，启动发动机，扬长而去。

2 ///

徐志摩曾说过："吾会寻觅吾生命灵魂唯一之所系，得之，我之幸也；不得，我之命。"

世间最难说清的事，非情事莫属。世上最难测的心，便是爱人的心。爱的时候，你那一低头的温柔，像一朵水莲花不胜凉风的娇羞。不爱的时候，你那不甘心的狰狞，尚不如西风中摇摆的残花败柳。

一朝从天堂跌入谷底，没有被宠爱的光环加身，一颦一笑都失尽了颜色，何苦又让对方看到自己最不堪的一面？

面对变心的枕边人，好莱坞黄金时代的银幕巨星费雯·丽，值得每一个失婚女子学习。

在那个经典美人井喷的年代，费雯·丽绝世而独立的傲姿，几乎惊艳了一个世纪。

她美丽又张扬，猫一样狡黠的眼睛既可温情脉脉，亦可桀骜不驯。她在最美好的年华，遇上了一生的挚爱劳伦斯·奥利弗。

虽然当时两人各有婚配，但为了爱情，他们不惜一切代价，最终走到一起，成为影史上最著名的明星夫妻，戏剧界当之无愧的"戏剧国王与王后"。可一路携手走来的二十年，从未风平浪静过。

她因出演电影史上最经典的角色郝思嘉，不仅获得奥斯卡最佳女主角的殊荣，更是在一夜之间，一跃成为好莱坞最璀璨的明星。人们毫不吝惜对她的溢美之词："她有如此美貌，根本不必如此演技；她有如此演技，根本不必如此美貌。"

人们像崇拜偶像一样追逐她，热爱她，她却像崇拜偶像一样热爱着他。在专业人士眼里，她为电影而生，他称霸戏剧舞台，两人各有秋千，本不分高下。可为了追随爱人，她放弃了自己在电影上取得的成就，跟着他全身心投入舞台戏剧表演。他不但不怜惜，还常常当着众人的面批评她的表演方式，令她颜面尽失。

以费雯·丽的才华和成就，实在没有必要去崇拜他。可是，她爱他。当一个女子的爱太满太溢，她就看不清自己。

为了表现得更好，她一遍又一遍忘我地置身于各种角色之中。她变得紧张，焦虑，情绪波动越来越频繁，前一秒极度兴奋，后一秒就情绪低落，常常被人目睹在后台歇斯底里地大吼大叫。

他越来越不愿出现在她面前，跟她玩起了躲猫猫的游戏，后来更是不愿待在家里，常常以工作为由不归家。

当她再一次神经崩溃，需要送往医院接受治疗的时候，医生却找不到亲人在同意书上签字。

"老公呢？该来签字的老公跑哪去了？"医生气急败坏，却又也束手无策，只能跑进卧室静静地陪伴她。

而可怜的她，撕烂了自己的照片，打碎了一地东西，像个犯了错的小女孩一样，将自己藏在衣柜里，不肯出来。

爱情里最讽刺的是，你口口声声说你是爱我的，偏偏在我最需要你的时候，你却消失得无影无踪。

她饱受疾病的折磨，痛不欲生，被正式诊断为"躁郁症"，进入精神病院接受电击治疗。他却逃之夭夭，美人在怀。

早在向他的第一任妻子吉尔坦承心迹的时候，费雯·丽就曾表示，她知道奥利弗不会甘心于一生仅守着一个女子。她太了解他了。

这世间哪有一成不变的爱，说来说去，不过是我耐不住寂寞，正巧遇上你受不了诱惑。当新的诱惑足够诱人，寂寞便成了另一个人的独自憔悴。

只要曾经相爱过，一颗变了的心是无处掩藏的。相处中的点点滴滴，彼此投入的每时每刻，你看我的一个眼神，我应承你的一声语气，哪怕是细致入微的一点点变化，都能深深刺痛自己的内心。

即便如此，分手也要分得漂亮。

"我做决定很干脆，这一点你必须原谅。像我这样的人，表达感情的时候喜欢凭直觉，凭内心真实的感受……你我走到今天这一步，唯一的解决办法，就是来场干净利落的分手……我们就此分道扬镳。我有信心过好我的生活，而你，一直懂得怎么过好自己的日子。"

他和新的意中人举行婚礼的当天，她在出席自己司机的婚礼。新闻记者们费尽心思想捕捉到她悲惨凄绝的表情，她却从容地面对镜头，巧笑倩兮。

她已成为他的过去，可他一直是她的永恒。后来她说，如果有来生，有两件事她依然会做，一是做演员，另一个则是嫁给奥利弗。

我依然爱着你，你却要与另一个人如胶似漆。谁能当作什么都没发生过，不过是懂得，一份已经逝去的爱，与其撕破脸狠命抓住，不如优雅地放手，赢得对方的尊重。

3 ///

大凡有点风骨的女子，都不会在一颗变了质的心上，纠结缠绵，死不放手。

孟小冬是多么高冷孤傲的女子，离开梅兰芳时，在《大公报》头版连登了三日声明："冬自幼习艺，谨守家规，虽未读书，略闻礼教，荡检之行，素所不齿。迩来蜚语流传，诽谤横生，甚至有为冬所不堪忍受者……旋经人介绍，与梅兰芳结婚。冬当时年岁幼稚，世故不熟，一切皆听介绍人主持。名定兼祧，尽人皆知。乃兰芳含糊其事，于祧母去世之日，不能实践前言，致名分顿失保障。虽经友人劝导、本人辩论，兰芳概置不理，足见毫无情义可言。冬自叹身世苦恼，复遭打击，遂毅然与兰芳脱离家庭关系。是我负人，抑人负我，世间自有公论，不待冬之赘言……自声明后，如有故意毁坏本人名誉，妄造是非，淆惑视听者，冬唯有诉之法律之一途。勿谓冬为孤弱女子，遂自甘放弃人权也。特此声明。"

字里行间的骄傲与狠绝，犹然历历在目。

她7岁开蒙，9岁登台，12岁成为头牌，18岁被人捧为老生行的皇帝，人称"冬皇"。

在最灿烂的年纪和最辉煌的事业巅峰期，与梅兰芳相遇，一个易钗而弁，一个易弁而钗，颠鸾倒凤，雌雄莫辨。

两个梨园"须旦双王"，本是珠联璧合，该成就一段佳话。可最令人惋惜的是，她在错误的时间遇上了对的人。他已有王明华、福芝芳两位明媒正娶的太太。惧于福芝芳的压力，他不敢将她迎娶过府，仅置办一处外宅，将她像金丝雀一样金屋藏娇。

他是个传统男人，担心被人笑话养不起太太，便不让她再出门唱戏。她不能公开登台，不能以梅夫人的身份露面，每天只能靠听唱片和回忆自己曾经的辉煌度日。

宁静的日子总是太短。不久后，一个暗恋她的戏迷得知她与梅兰芳的秘事之后，疯狂地闯进外宅，误杀了梅兰芳的好友。

这件血案令两人的感情急转直下。他冷落她，长期不来外宅看她，陪她，还公然带着福芝芳去天津演出。

为了爱情，她牺牲了自己的前途，然而她到底是那个时代的新女性，高傲而独立。一气之下，她也孤身来到天津，公开登台演出。

他举手投降，将她接回去。人虽接回来了，他却也开始说她"任性""使性子"了。

感情是个很奇怪的东西。浓烈的时候，喜欢你"有主见""有个性"，淡下来后，你就只剩"任性"和"使性子"。

　　他的桃母去世，她头插小白花，神情悲切地来替婆婆披麻戴孝，却被人拦在门口，不得进入。

　　她以为，她是他的妻，媳妇给婆婆戴孝，天经地义。然而在很多人眼里，他们的结合，从来就没有被承认过。不然，为何不直接接过梅府，为何不公开关系？

　　她执拗地站在门口，厉声要求他出来给个说法。令她万万没想到的是，他继续选择了让她委曲求全，当着众人面，好言将她打发。

　　一向心高气傲的她，哪受得了此等屈辱。她愤然转身，离开了梅府，也从此离开了他。

　　后来的谈判中，她对他说："我今后要么不唱戏，再唱不会比你差；今后要么不嫁人，再嫁人也绝不会比你差！"

　　言语间的决绝和刚烈，令人唏嘘不已。

　　坚毅倔强如孟小冬，失了婚，却没有失去理智。之后的她，将所有心思都放到了戏台上，复出的时候一票难求。

　　之后，更是遇上一个真正爱她、尊重她，不惜一切代价呵护她的男人——杜月笙。

　　她用行动实践了当初在他面前发下的誓言。

　　她就像寒冬里一枝迎风盛放的红梅，萼中含雪，冷冽高洁，淡淡的香气中透出铮铮铁骨，孤标难画。只有懂的人，才知道她冷冽的灵魂下需要有温度的柔情；只有懂的人，才明白她不苟言笑的面容里掩藏的春风细雨；也只有懂的人，才欣赏她绽放在寒风中的姿态，不会任由花蕾在逆风中摧残。

后人喜欢她，多是因为她梅花般清雅的气韵，以及迎风傲立的铮铮铁骨吧。

4 ///

茫茫苍穹，天地鸿蒙，这世间从来不乏痴情者，唯独永恒太稀缺。当初情不知所起，一往而深，走着走着，心淡了，人自然会散。

分手从来不是一件快乐的事。究竟要怎样才能一别两宽，各生欢喜呢？

卓文君说："我不在身边，你也要好好吃饭。我会对浩浩荡荡的锦水发誓，与你不复再见。"

聪明的女子，永远知道要为彼此留下余地，即便不能朝夕相对，也要让对方感念自己旧日的好。

在那个父母之命、媒妁之言的年代，私奔简直是一件大逆不道的事，更何况，才见一面，连对方的底细都没摸清。

她正值豆蔻年华，"眉色远望如山，脸际常若芙蓉，皮肤柔滑如脂"，面容姣好，才高八斗，虽因父母安排，未及成婚便已守寡，但从来不缺追求者。

而当时的司马相如，寄人篱下，一文不名，因久闻她的美名，有备而来。有人拿出一把古琴，要他作赋奏乐，以助酒兴。他抚琴浅唱："凤兮凤兮归故乡，遨游四海求其凰。"

她躲在帘后偷偷看他。他生得温文尔雅，举止大方，没想到，唱词却如此大胆，如此赤裸裸。亲爱的们，如果觉得那个年代太遥远，那么请脑补一个帅得掉渣的小伙子，手抱贝斯，在台上大唱"好想谈恋爱啊，请赐我一个女朋友吧"的激情画面。

更令她吃惊的是，他貌似不经意地投来一束电光。这颗骚动的心啊，从此就不属于她了。

父亲不愿她跟着一个穷酸小伙子受委屈，哪想到，她的感情来得这么猛烈，得不到支持，竟选择跟他私奔。

她荆钗布裙，当垆卖酒，和他过上了自给自足的小日子，虽然清苦，但夫妻恩爱，你中有我我中有你，总算得上是逍遥自在的一对比翼鸟。

真正有才华的人总会遇到伯乐。他得到汉武帝的赏识，踌躇满志，身在庙堂乐不思蜀。她翘首以盼，却杳无音讯。突然一日，终于盼到他的来信："一二三四五六七八九十百千万。"

聪慧如她，怎会不懂他的暗示。从"一"到"万"，唯独缺个"亿"字。"无亿"即"无意"。他在暗指，他对她已经不爱了。

她心痛如绞，写了一首《怨郎诗》，夹在信中寄给他："十里长亭望眼欲穿，百相思、千系念，万般无奈把郎怨。"

你可以无意，但我不能无情。家书首尾相连，句句都是相思苦，离别绪，却不卑不亢。虽说在"怨郎"，更多的是对他薄情的谴责与还击。怎么说不爱就不爱了呢？这心怎么说变就变呢？如果换成你是女人，我变成男人，我是绝不会辜负你的呀！

她哪想得到，他毕竟是个文人。文人眼里只有风花雪月，诗酒花茶，波澜不惊的生活总会让人腻味。而她已经过了花一般的年纪，岁月在她脸上刻上一道道印记，早已将她青春时的美丽摧残得一干二净。他需要新的激情，于是想到要纳妾。

那是一个百花竞相盛放的春天，争奇斗艳，炫彩夺目。有琴声依稀传来，弹琴的人却早已不在。锦江中的鸳鸯成双，汉宫中的绿枝连理。它们都知道要相守一生，长情相伴，可人呢？终归是沉迷美色，喜新厌旧的。

既然你的心已经不再，我也不再纠缠了，好好吃饭，保重身体吧！

她向着浩浩荡荡的锦江起誓：我不会再见你了。各自安好吧！

她回复了两封信，成为永载青史的《诀别书》与《白头吟》："闻君有两意，故来相决绝……凄凄复凄凄，嫁娶不须啼，愿得一心人，白首不相离"。"努力加餐勿念妾，锦水汤汤，与君长诀。"

她心里是一直有他的，但她不想乞讨爱情，更不愿委屈自己抱残守缺，跟其他女子分享丈夫的爱。她一生所求，不过是找到意中人，一心一意牵手一辈子。然而这，也不过是一场奢望。

看到她的回信，他百感交集，不禁忆起两人的往昔。初见时的怦然心动，贫贱时的相濡以沫，点点滴滴在脑海中不断倒带。

往事百转千回，像一杯被沸水冲沏的茶。茶叶在水流中不断翻腾，起起落落之后，最终慢慢沉淀，归于冷静，释放出晶莹的碧绿和沁人心脾的茶香。

他到底是个重情义的人，看清往事之后，幡然醒悟，将她接到身边，不再心猿意马，从此琴瑟和鸣。

5 ///

人生若只如初见？岁月从来不优待任何一个人。那些走不到永恒的缘分，是需要我们拿出勇气去面对的寒冷。再伤痕累累，也要学会残忍。淡淡一笑，回他一个从容的眼神。

初见，让你看到我如花的容颜，如今离开，我也要以花的姿态。

女人是敏感的。朝夕相处的枕边人心有异动，怎么可能逃得过自己的眼睛？可女人同时也是多怨的，百般不舍，千般纠结，无非是一个不甘心。

不甘心曾经的付出，不甘心被辜负，不甘心自己精心浇灌而成的大树被他人截取果实。却未曾想过，如果果子已经变酸变涩，强留下来，也是尝不出甜味的。不如大方献给好这一口的人：你喜欢吃李，给你。这一株树结不出我爱吃的桃，我再找下一株去。

如此，岂不皆大欢喜？

生活给我最大的启示，是热爱

1 ///

我有一位素未谋面的朋友。虽彼此都不曾见过，却始终觉得有一种无形的纽带连接着彼此。

我想珍惜她，就像珍惜我身边一切的爱和人。

她喜欢拈花弄草，十指不沾丹蔻，指甲缝里黑黑的，渗出泥土的气息。清新，自然。

那是生命的气味，仿佛一把种子撒下去，十指缝里就能开出星星一样的花来。

我爱这样生机勃勃的女子。她们是这个苦逼的世界里，让我们还值得为之奋斗的活生生的证明。

一株小花葱被老鼠咬断，几天之后，会冒出新芽。

一朵茶花被虫子啃噬，依然坚强盛放，带着蕾丝一样的噬痕，在晨光中傲然独立。

碧绿青葱的圣女果，几周顾不上打理，依旧红透如宝石。

她说，向植物学习！

可我说，我们都要向她学习，学习她对生命的热爱，学习她对生活的激情，学习她身上源源不断的生命力。

我和她相识在一个雨雪纷飞的天气。

连绵数十天的飞雪，将城市覆盖得白茫茫一片真干净。

我刚失去了生命中最重要的人，每天都在怀疑生活的真实性。

也许这一切都不是真的。也许会像电视剧里的狗血剧情一样，那个人会死而复生，突然出现在下班路上的下一个转角，轻轻呼唤我的名字。

我"哎"一声，一抬头，映入眼帘的是漫天飞舞的雪花。手伸出去，任凭雪花落在肌肤上，往手心里渗透刺骨的寒意。

拼命接，拼命感受寒冷和刺痛。在那个冷酷得没有丝毫生命气息的寒冬，只有这样的方式才能使自己意识到：哦，原来，我还在呼吸。

也是在那一年，肆无忌惮的寒气侵袭，令我落下关节炎的毛病。一到天寒地冻的季节，就恨不得把骨头卸下来，像个冷血动物一样进入冬眠，不问世事。

偏偏在这样的心境下，她出现了。

被人辜负，伤心欲绝，没有了活下去的动力。

我说，你来我的城市吧。这里正漫天飞雪，在雪花里兴许可以找到活下去的动力。

她犹豫再三，最终没有来，选择去了南国的海边。

发过来的照片里，她背靠大海，面朝镜头，努力微笑着，眼里却布满阴云。

我在照片下评论：这个笑容不适合你。你的笑，应该像花儿迎接朝露，像芳草沐浴晨光，像烈火中舞动的凤凰要涅　。

这话给她，也是给我自己。

某种程度上，她仿佛已经成了另外一个我，只是生活在别处。

在她开始侍弄花草的时候，我认识了生命中另一个最重要的人——我现在的先生。

他让我重新燃起对生活的激情，像个新生儿一样渴望生命中所有的美好：阳光、空气、拥抱、热泪，以及无条件的包容和接纳。

我又变回那个活生生的人，嬉笑怒骂，嗔痴怨恨。手指划过肌肤，能感觉到身体的温度。

在这之前，都是身在远处的另一个我——她，用每日更新的状态和照片，支撑着我活下去的信念。

我想，我应该是爱上她了，就像现在我深深爱上自己一样。

2 ///

我开始爱上一切具有生命力的东西：山林间流过的小溪，松针地面长出的蘑菇，老树皮上湿漉漉的青苔，一切开花和不开花的植物，以及永远生机勃勃的女子。

比如伊丽莎白·泰勒。

世人对伊丽莎白·泰勒的了解，多聚焦于她走马灯似的八段婚姻和情史，以及丈夫们留给她的珠宝和钻石，却常习惯性忽略她身患 70 多种疾病的事实。

早年拍摄《玉女神驹》时，她从马背上摔下，造成终身隐患。之后，糖尿病、皮肤癌、气管炎、肺炎、心脏病、骨碎裂纷至沓来。

初遇一生挚爱蒙哥马利·克里夫特的时候，她曾说，她想做一块黏糕，死死地黏在他身上。

因为不同的性取向，她只能以朋友的身份陪伴他短暂的一生，却不曾想自己的黏糕属性，竟沾惹了一身疾病。

她前后进出医院超过一百次，大小手术动过不下四十次，若干次被传死亡谣言，一个鲤鱼打挺，又神采奕奕地出现在大众视线里。

我想，她大概是太美了。

美国作家杜鲁门·卡波特形容她的美时，说的是："她的身材十分短小，相对躯干而言，她的腿太短，头部对于整个身体而言也显得过大；但她的脸和那双丁香紫的眼却是囚犯的美梦，是女秘书的自我幻想：如此虚无缥缈，如此遥不可及，却又如此恬静羞涩，晶莹易碎，带着人性的温情，那双丁香紫的眼眸后面闪烁着丝丝怀疑的神情。"

如此美人，令上帝也无法自持，无数次垂涎，想将她收回去独赏。

她也太有胆识和勇气了，竟胆敢与上帝谈判：不行，还有那么多人想爱我，我得活下去爱他们。你得再多给我几年生命，让我将人间情爱体验圆满。

于是，上帝一次又一次让步，让她在体验到名誉、成功、美貌、金钱、爱情和一次又一次失败的婚姻之后，将 79 岁的她收回了。

生前法新社采访她，问她是否害怕死亡，她说："不，我一点都不害怕，因为我都经历过了。"

所以，这次她也不再跟上帝讨价还价了。

在无数次与上帝谈判的过程中，一次肺炎差点让她失去了谈判筹码。

肺炎引发"突发性休克"，发病时会引起呼吸不畅甚至窒息。如果得不到及时医治，病人会在十五分钟之内停止呼吸。

紧急情况下，泰勒当时的丈夫艾迪·费舍尔，在医生的电话指导下，切开了她的气管，清除了气管内的堵塞物，才得以为她争取到更多的医治时间。

整个好莱坞都在传言"泰勒已死"。

作家好友卡波特来医院病房看望她，却发现她一副"生气勃勃的样子"。

在《肖像与观察：卡波蒂随笔》一书中，卡波特形容病房里的泰勒"面色比医院的床单还要惨白；她的眼睛未施粉黛，看起来瘀青肿胀，就像是哭泣的孩子"。

她告诉卡波特，医生在她的喉咙上刺了一个洞，以便将体内的脓液放出来。

卡波特顺着她的手指一看，她喉咙上的伤口被堵上了一块小橡皮。

她说："要是我把这个东西拔出来，我就不能说话了。"

说着，她真的拔下橡皮塞，也真的不能说话了。

卡波特一时紧张失措，她却没事一样笑起来，重新将橡皮塞回伤口处。

她说："这是我生平第二次有这种感觉——我知道——我要死了。或许是第三次吧。但这次是最真实的一次。就像是在一片惊涛骇浪的海面上航行。然后慢慢滑过地平线的边缘。脑中全是海浪的咆哮声。我想这其实是我竭力呼吸的声音。我不害怕。我没有时间去害怕。我正忙着战斗呢。我不想越过那条地平线。我永远都不会。我可不是那种人。"

她是哪种人呢？

"经历磨难崎岖，我幸存了下来，我就是一个活生生的例子，告诉人们一切都会过去。"

经历多次生死和磨难，依然将自己活成了女王，把生活当成了角斗场。

连生死都经历过的人，还有什么是过不去的？

很多人一直以为，泰勒之所以获得那么多男人的喜爱和倾慕，无非是因为她的美貌。可爱她的人，一旦发现她身上这种源源不断的生命力，就再也无法自拔了。

正如迈克尔·杰克逊在她65岁生日时，为她献上的那首歌——《伊丽莎白，我爱你》里唱道：

美丽的伊丽莎白啊，

你什么都见过

我的挚友伊丽莎白啊，

活得比谁都长久

好多人已经退缩，而你还在坚挺着

他们迷失方向，消失无踪

可瞧瞧你，你是真正的幸存者，

生机勃勃，屹立不倒

有顽强生命力的女子，永远可以凌驾于生活之上，在时光的长河里，被人们铭记。

3 ///

一个有生命力的女子，一定是热爱生活的女子。她的生命力有多顽强，她对生活就有多热爱。

人们再次看到钟楚红的时候，她已经跟蔡澜先生开始卖大米了。

蔡澜先生在其微博中PO："一向以为日本米好吃，直到钟楚红送了我一包，样子肥胖，炊后食之，又黏又香，才惊叹世上竟有这么完美的大米！问出处，是中国的五常，原来阿红有一个好友，一生唯有爱吃米饭，先生为了她，特地找到水源最优质的土地，用最古老的方法种植，当然也是有机的，当今产量充裕。已能让大家分享了。"

蔡澜先生是一代才子，亲身见证了香港电影工业的兴衰，阅明星无数，众多美女明星中，唯独最欣赏钟楚红。

网友在微博问答上问他，林青霞、张曼玉、王祖贤、朱茵，四人中谁最美？哪一个最符合中国传统文人的审美标准？

蔡老谁都没有选，给出了一个令无数人意外，而又意料之中的答案：钟楚红最美。

当然，蔡老欣赏钟楚红，并非因为她让他见识到比日本米更好吃的中国大米。了解她现今的生活，谁都不会对蔡老的回答提出质疑。

红姑现年已经 57 岁，微博上 PO 出来的照片一如当年，美而不俗，艳而不妖，抿嘴笑出小梨涡，温柔娴静，从容淡定。

钟楚红的美是经得起时光检验的美，同时，也是对生活的热爱，在岁月中历练出来的悠然自得。这一点，从她送蔡老大米就可以窥得一斑。

她爱吃爱下厨，在餐厅吃不完的食物会打包拎回家，继续享用。

当年在法国拍摄《纵横四海》，遇上没戏份的时候，就去老城消磨时间，黄昏时再去市场买菜，做好饭等张国荣他们回来一起用餐。

接受香港《ELLE》杂志专访时坦言，下厨可以让她放松心情，将烦恼抛诸脑后，释放情绪。她常常外出旅游，到一个新地方，会找出当地食材，试着自己做菜。有时翻翻烹饪书，从不同的食谱中领略不同地区的风土人情。

充满油烟味的厨房对很多女人而言，不过是生计所迫的必去之地——毁毛孔，毁皮肤，毁青春。对红姑而言，下厨却是一场创作，每次做菜都要运用丰富的想象力，在食材的选择上感受四季更替的变化，是生活赋予的情趣。

她爱大自然，做菜尽量选择泥土里长出来的有机食物，因为那是上天的赠予。

香港中环几棵树被砍，她深感痛惜，在《时尚芭莎》（香港版）上呼吁："树木需要培植多年，甚至数十年才可以成为树木，现在却贸贸然被斩去。树木与城市的环境，以及居民的生活息息相关；我们应该保育，不是破坏。"

对大自然的爱，她不是光嘴上说说，而是身体力行的，除了常去登山，还不时为环保组织募捐。

她爱花，爱养花，熟知植物的个性，知道什么时候该施肥，什么时候该多浇水，什么时候该少浇水。

鲜花图是她微博里上镜次数最多的常客。给网友新年祝福的配图，是自己悉心种植的柑橘和水仙。

"我爱花，因为花卉身上体现出生命力、生命的变化。不同的花各有美态，在生命的不同阶段会展现不同形态。从这变化里，我看见大自然的创造力，更让人惜花，惜其生命之短。"

花，有开有谢。叶，有荣有枯。生死在天，生命无非是一个短暂的过程。恍惚之间，白驹过隙，一切终将化为尘土，回归大地。

唯一不同的是，一个人可以选择自己面对生命过程的态度，乐天知命，随遇而安。

她爱摄影。

为了一张照片的构图，可以上天入地，动用直升机，也可以匍匐在地铁站台上，捕捉行人忙碌的脚步。

她先后在香港和台湾举办了自己的个人摄影作品展，题为"To Hong Kong With Love"，拍香港的旖旎风光，繁华峥嵘，以及藏在角角落落里的市井生态，用镜头记录她生活的城市给予自己的意义。

"Love"，是她与香港这座城市生于斯长于斯的联系。香港，有她的家，是她生长的故土。爱，是她倾注在这片土地上唯一的寄托。

在摄影手记中，她写下这样一段话：

"从直升机上俯瞰香港，我看见没有路径前往的地方，看见火烧山林的痕迹，看见屏风楼阻挡沿岸气流，看见山丘被侵蚀，看见堤坝改变水流方向，造成海浪冲击，令岛屿缩小甚至消失。让我看见了过度的建设，影响了自然生态……好些拍摄景点，如天水围、塱原，那些平静祥和的农田，不久都会消失在香港的版图，工业污染的雾霾笼罩着美好的大自然景色，同一天拍摄的新界北和清水湾，同一片天空可以是两个世界的色调。遇到这些境况，我会感到气馁和困倦，但也提醒着我要更珍惜眼前的香港。"

爱至穷时尽沧桑。说的就是红姑对香港的情怀吧。

她爱自由，走南闯北，向往天大地大的世界。

去非洲，感受过动物迁徙的震撼；到西藏，对大自然的造化充满敬畏；游巴黎，最喜欢咖啡厅的人文风景。

在摄影展的自序里，她说："因为在香港长大，令我可以有很多出外的机会，东南西北四处闯荡的自由，也令我爱上了旅游。我每到一个喜欢的国家，都能找到留下来的理由——风土人情、异国风情、天然美景和不同土壤长出的天然食材！还有我对天大地大自由的向往，每每乐而忘返！"

虽然孑然一身，但她爱自己，也爱生活。对生活的投入，为她带来足够的快乐。"快乐是与生俱来的，不需要寻找，它本身就在生命里。"（《香港版《ELLE》2014 年 12 月号》）

曾和钟楚红合作过《流金岁月》的导演，在其著作《杨凡时间》中写钟楚红："曾经有人要我用简单的字句形容她，我说'自力更生，永不言败，她就是香港'。再简单一些？'硬净'！"

"硬净"在广东话里是"够坚强，经得起考验"的意思。

《蓝宇》编剧魏绍恩对张国荣的一生挚爱唐鹤德的评价，就是"硬净"。张国荣去世多年后，人们通过唐先生的社交账号上对哥哥的缅怀发现，唐先生真真当得上"硬净"二字。

而红姑，生命充满生命力，生活活得有生气，自然"硬净"二字也当之无愧。

4 ///

对生活充满热爱的女子，有一颗宽大的慈悲心，对周遭和世事能表现出最大的宽容。

詹妮弗·安妮斯顿，是我爱的那种具有母性宽容之爱的女子。

和布拉德·皮特离婚，她没有怨言，没有指责，只是不断反省自己在婚姻关系中的不足之处，对离去的爱人表现出了最大的尊重和包容。

随后，与文斯·沃恩的恋人关系也在短暂的甜蜜之后分手，她依然遵守承诺，邀请已成前男友的沃恩参加自己的生日派对。

英国传记作家莎拉·马歇尔，在传记《好莱坞甜心——詹妮弗·安妮斯顿传》中叙述，安妮斯顿带着几位闺密到墨西哥度假，兜了一圈，她便"迫不及待地想要拥有这块恬静的土地"。

"我爱这海，我爱这沙，我爱这水！"她大叫着，闭上眼睛深深呼吸。

她开始主导自己的生活，珍惜当前拥有的点点滴滴，用大爱去拥抱生活赋予的一切，包括苦难。

"我既爱人的光明面也爱人的阴暗面。这种想法是我最近才有的——拥抱一切，不留遗憾。前几天我的一个朋友跟我说，我们干脆改名叫'去他的'吧！去他的，活着就好。"

5 ///

素昧平生的朋友、与上帝较劲的玉婆伊丽莎白·泰勒、活得硬净的红姑钟楚红、拥抱苦难与黑暗的甜心詹妮弗·安妮斯顿，纵观这些被我所爱的女子，无一不曾被爱所伤，可她们没有怨天尤人，也没有遇人不淑的怨妇身上那股咄咄逼人的戾气。

她们选择了爱，选择了热烈地活着，每一天都过得热气腾腾。

决定一个女子生存质量的，往往不是一个人的出身和境遇，而是看她在每一段境遇之中，选择以什么样的态度去面对。

生活的本意是爱。热爱，是解开生活所有谜题的钥匙。

会爱的人，才能懂得生活。

宠爱自己

我见过怨气满天的妇人。隔着十米距离，远远都能看到雾霾在她们头顶上蒸腾。这样的女子，每天都生活在 PM2.5 的污染里，一呼一吸进出的都是令人致命的病毒，没有人敢主动去亲近。

我也见过温柔明媚的女子。她们总有一种对生命力充满好奇的爱好：种花，养草，侍弄小动物，烘焙甜点，不计热量地享受美食，一双巧手能编会织，衣着整洁鲜亮，神采奕奕，笑容可掬。

相比前者，我更爱后者。相信你也是。

人人都爱热爱生活的人。热爱生活的人，生活也爱她。

在不体面的岁月里，体面地活着

1 ///

一个朋友怀疑老公出轨，约我在咖啡厅见面谈心。

我已是提前了二十分钟到场。哪承想，刚一进去，就看见她斜倚在角落的沙发里，怔怔望着玻璃墙上卷起的竹帘发呆。

她身穿一件银灰色绸缎连衣裙。好几年前的款式了，去年还见她穿过这件裙子和闺密一起逛街。不知是不是在柜子里压过，裙子满身褶皱。见我来时，她有意拉扯了两下裙边，裙边的里子都已经外翻了。

她披散着长发，额前碎发肆意张扬着。头发与头发之间，仿佛刚刚经历过一场内讧，现场还来不及收拾。平时出门，她总随身携带一面小镜，一把牛角梳，一有空闲就拿出来在头发上扒拉。今天这发型着实有点意外。

虽略施粉黛，依然掩饰不住脸上的憔悴。看到我，拼命勾起嘴角，却挤不出一个笑容。

看样子，出轨是既成事实了，因为实在找不出一个理由，让我相信，一个平日里将形象管理放在首位的女子，会以一副乱糟糟的样子出现在公众场合。

果然，老公经不住她的絮叨，大方承认了自己出轨的事实，并已明显表现出了悔意。

她咬咬牙，恨恨地说："他居然不请求我的原谅，还一个劲在那儿数落我的不是，好像他是我给逼出去的一样。明明是他做错了事，怎么现在反倒成了我的错了？"

言谈间，我听出，她对老公还是有感情的，只是怒气当头，只差老公低下头给她一个台阶下，她大概便能原谅他了。

我说："你想让他回头吗？"

她怔了片刻，重重地点点头，毕竟十年感情，两人还有一个半大不小的孩子。

我说："那你先去做个头发，把这条裙子拿去干洗店熨一熨。"

想要在出轨的爱人面前体面，先把自己收拾体面了再说。

2 ///

如果你的男人尚有悔意，他十有八九是会为自己的行为感到羞耻的。有羞耻心的人底线比较高，需要你给足他面子。顾全了他的面子，他才会还你一个体面的家。

民国时期的郭婉莹，在顾全丈夫体面的问题上，可谓是女人中的典范。

郭婉莹是永安公司郭氏家族的四小姐，被称为"最后的贵族"。

她的父亲是白手起家的商人，母亲是富商家的千金小姐。郭婉莹一出生就受到严格的家庭教育，以做淑女为全部的行为准则。

在所有的淑女守则中，父亲不断强调一点："你要像花儿一样娇艳，但也要有花儿一样的傲骨。"

如此，花儿一样的外貌和内在，贯穿了郭婉莹的一生。

郭婉莹 80 岁左右，《上海的金枝玉叶》作者陈丹燕见到她，形容她"仍旧是温和妩媚的，雪白的卷发环绕，上了大红的唇膏，还是老派妇女的审美观"。

年轻的时候，因为太漂亮，被一个电视制作人看中，想将她的故事拍成电视连续剧。制作人看着她的婚纱照片说："她太漂亮了，所以会不幸。不过红颜薄命的故事会很好看。"

一语成谶，郭四小姐前半生过得有多富足，后半生就有多贫苦。然而不论多残酷，她都用花儿一样的傲骨，活出了一个贵族小姐该有的体面。

她 25 岁与丈夫结婚，34 岁的时候生儿子难产，在医院两天生不下来。大女儿因为身患肺炎，在家里静养，丈夫却去俱乐部，玩牌到深夜才回家。

丈夫有了外遇，和一个相熟的寡妇相好。她由姐夫陪同着，去到寡妇家里，把丈夫找出来，带回家，第二天照常生活，从此绝口不提此事。

没人知道，她是怎么得知了丈夫的秘密。没人知道，当晚她怀着怎么样的心情，走进寡妇家里。没人知道，她找到丈夫后有没有对他说话，说了些什么话，才使得丈夫跟她乖乖回家。也没人知道，找回丈夫后，她用什么样的心情去面对曾经出轨的他。

有没有过怨恨？有没有过指责？有没有过失望？

她什么都没说过，对此事只字不提。两个儿女对父亲的行为更是一无所知。

也正是她三缄其口，成全了丈夫的体面，也换来了全家幸福圆满的生活。晚辈们回忆起他们这一家人，就说："那时候他们这一家人，都那样好看，那样体面，那样幸福，家里那么温馨，家狗那么漂亮，客厅里的圣诞树那么大，福州厨子的菜烧得那么地道，真的像是好莱坞电影里才有的十全十美。"

可生活总比电影还精彩。男人的面子要女人来成全，而女人的体面只能自己给自己。

丈夫在监狱里逝世，她领着儿子一起去认尸，将自己的手绢盖在丈夫脸上，就领着儿子回家了，没有留下一滴眼泪。

她一直平静地操忙丧事。直到丈夫的骨灰回到家里，她才趴在骨灰盒上哭着说了一声："活得长短没有什么，只是浪费了你三年的生命啊。"

二十三天之后，她身穿小黑袄，整理好妆容，回到娘家，像往年一样度过平安夜。她吃了饭，照了相，像往常一样活跃在亲戚之间。

那天照相，她像往常一样高高地抬起下巴，昂起头。有人说，这是富家小姐在营造高人一等的距离感。其实，她不过是在坚持自己与生俱来的骄傲和自尊而已。

那是她作为一个富户小姐的教养，也是一个淑女该有的体面。也许改变不了她的处境，也许不会给她带来快乐和幸福，但对于她，已是深入骨子里的坚持，成为了她舍弃不了的习惯。

陈丹燕说："在那些日子里，她那骄傲的心，会像火把一样明亮。"

她可以在煤球炉子上，用铝锅蒸出具有彼得堡风味的蛋糕，也会用铁丝网在煤火上烤出金黄酥脆的吐司。

在那个非常时期，她从不知道如何为丈夫做早餐的富家小姐，一下沦为需要劳改的资本家女儿。炼钢炉，扫厕所，拌水泥，上脚手架……高强度的劳作，令她的十指变形僵硬，不能拿细小的东西，她从来不觉得痛。

女儿问到建筑工地上的事，她说："你看，我还能爬那么高的地方。别的资本家说他们是一不怕苦，二不怕死，就怕摔下来不死。我是真正的什么也不怕。"

言谈中，没有丝毫诉苦的意思，反倒有种作为劳动者的光荣和骄傲。

三十多年后，在美国遇到总统遗孀杰奎琳·肯尼迪，被问到劳改时的情形，她说："劳动有利于我保持体形，不在那时急剧发胖。"

丈夫出轨，默默找回来，像没发生过任何事一样，照常生活。自己遭受磨难，凭着对生活的一腔热情和骄傲，努力让自己过得体面。

她勇敢地维护着自己的选择，没有絮叨，没有怨言，从生活的点点滴滴细节中，坚持着自己的尊严，也给予身边人最大的尊重和体面。

真正高贵的女人，令身边的人也活得高贵。

3 ///

婚姻中的女人，遇到裂痕，大多数都会像郭婉莹一样首先尝试保全家庭。可如果婚姻没有继续保全的必要，那么即将面临的，就是再现实不过的生活。

尤其单亲母亲，孩子、事业两头拉扯，中间还要押上一家人的生计，想要过得体面，实在是捉襟见肘。但有些女子，总能想出办法，在穷困与艰苦中，过出诗与远方。

董竹君在其自传《我的一个世纪》中，就曾度过一段这样的日子。

与夏之时离婚后，董竹君带着四个女儿出走上海，过着艰苦的生活。

当时租的房子是一底三楼、经改造后的石库门房子，没有浴室。她在晒台四周围上芦苇，夏季当浴室使用。

她和家人住一间，其余房间都出租给文化人，自己当二房东。不仅赚得房租，每个月还有盈余补贴家用。

那时生活几乎有断炊之危。为了让孩子们吃饱，她经常不吃早餐，正餐有时仅用白糖或盐下饭。

为了生存下去，典当东西成了家常便饭。卖鞋换大饼油条；小女儿没钱交校服费，拿大女儿的大提琴去典当，这些都是常有的事。

有一天临到黄昏，实在没钱买米买菜，她把穿在身上的唯一一件毛衣和女儿的旗袍，拿去典当行押了五角钱，才让一家人吃上了一餐饱饭。

侄子来探望她们，在飞机上遇见她的邻居沈火山。沈火山对她侄子说："你姑母董竹君是有名望的人，当年我们都住在上海美华里，她带着四个孩子，生活苦透苦透。"

生活虽苦，她却从没丧失过对生活的美好憧憬和希望，总是带着即将冲破黎明的信心，带着孩子们"欢欣愉快地度日"。

日子再艰难，每当有人外出，她都用装木炭的熨斗，将衣服烫得笔挺。即便是孩子们上学穿的蓝布罩衫，也是每天都烫得服服帖帖，用干净整洁的形象，体现出坚强的生活意志。

此外，她还教导孩子们帮忙洗衣做饭，做卫生，将生活过得井井有条。

她每天将三层楼房室内外，包括楼梯，都打扫得干干净净，被视为卫生模范，惹得房东送礼劝阻他们迁居。

在穷苦面前，她不仅没有自暴自弃，还在有限的生活条件下，努力过着体面的生活，更没有放弃过对美和精神的追求。

她会经常凑钱带孩子去电影院看电影，找来进步书刊给孩子们阅读，让孩子多接近进步人士，建立"为人类谋幸福的崇高世界观"。

她们家的房客有新四军老干部陈同生，后来的全国政协委员刘连波，作家廖沫沙和白薇，以及教授陈子展。

白薇给董竹君的孩子们旧衣裤穿，还经常让她们在自己家喝过稀粥再去上学。

陈同生则常带孩子们打开水，买大饼油条，晚上给她们讲故事，嬉笑间让孩子们耳濡目染进步人士的革命意志。

有次鲁迅来做演讲，题为《上海文艺之一瞥》。明知孩子们听不懂，她依然带着她们去接受进步思想的熏陶。

当时孩子们抢在第一排坐下，脚吊在椅子上，连地都够不着。

鲁迅先生看到后，含笑说："这么小的孩子也能听得懂吗？"

孩子们听后，乖乖退到后排座位听讲。

无论环境多么恶劣，无论条件多么艰苦，人都要活得体面、干净，内心也要丰盈、富足。由内而外的强大，才能令人在不体面中活出体面，逆境中完成逆袭，最终屹立不倒。

4 ///

心理学家说，女人是一个家庭的灵魂，赋予一个家庭活力和尊严。

而家的尊严，是一个人所有的体面。

所以，能否活得体面，完全取决于一个家庭的女主人。

判断一个家幸不幸福，看看这个家的女主人就行了。是不修边幅还是妆容精致？是怨气冲天还是笑容可掬？是絮絮叨叨还是娴静温柔?

一个浑身充满戾气的女人，其身后的家庭必有其一言难尽之处。一个安静美好的女人背后，一定有一个祥和有爱的家。

这是女人之于一个家的意义。

而女人自己的体面，则体现在无时不精致的妆容里，藏在龟毛到细节的形象管理上，在一双巧手中，在生活细节的点点滴滴，更在深入骨血的灵魂里。

男人的变心和不负责任，不该成为女人自暴自弃的借口。

想要体面的女子，请先收拾好自己。

不可否认，财富，会让体面来得更容易。

可大多数时候，体面跟财富并没有直接关系。穷人有穷人的体面，富人有富人的体面。

没有钱买大牌口红，可以培养良好作息习惯，早睡早起，养出一脸好气色。

没有钱换新衣，可以将旧衣熨烫整齐，换搭配，甚至拿把剪刀出来改款式，就看你有没有心。

没有钱去高级餐厅，在家里也可以做出满汉全席。

……

就像男人出不出轨，其实跟有钱没钱也沾不上关系。

女人能不能活出体面，关键还看自己。

起码，即便休息在家，出门买菜的时候，请一定记得换下你那身睡衣。

低到尘埃的姿态，能开出什么样的花

1 ///

这天去餐厅吃饭，邻桌一对情侣正在进餐。女孩将切好的牛排送到男孩嘴边，男孩脸往一侧一撇，皱起眉头，没好气地对女孩说："你自己吃。"

女孩依然笑靥如花，娇嗔着说道："尝尝嘛。味道还不错的。"

男孩不耐烦地打断她："说了不吃。"说完继续回短信。

两人闷闷地吃饭，男孩闷闷地在手机上点来按去。趁男孩上洗手间的间隙，女孩拾起男孩手机，在屏幕上一阵点按，脸上表情从开始的淡定自若，到后来的疑惑焦灼，再到最后的恍然了悟，短短几十秒，仿佛经历了整整一段人生。

男孩回来拾起手机，很不满地问女孩："你开了我的手机？"

女孩不回答，反问他："你改了密码？"

男孩也不回答，只说："你知不知道什么叫隐私？"

女孩直视着男孩，说："你还关闭了锁屏通知。是什么事这么见不得人？又是她吗？"

男孩将手机塞进口袋里，掏出钱包，跟女孩说："不想跟你在这里吵。出去再说。"

女孩咬紧嘴唇，一副大义凛然的样子先下了楼。

我的餐桌靠窗，楼下的情形正好尽收眼底。

等男孩买完单下楼之后，女孩一副质问的表情，跟男孩对吵起来。男孩甩手欲走，女孩拉住男孩，用手指指男孩脚下地面，一副"要走也该老娘走"的豪气，转身扬长而去，反留下男孩站在原地，怔怔半晌，呆呆地看着女孩远去。

这是一个有傲骨的铮铮女子，既已得知爱人的心思不全在她身上，她也不愿再委曲求全，将自己的姿态一再放低。这样的姿态，像水仙，高洁圣雅，"不与百花争艳，独领淡泊幽香"。

在中国，水仙多是冰肌玉骨，金盏银台，被誉为"玉玲珑"。古往今来，诗人都像艾青一样，难掩对水仙的溢美之词，赞其高洁的气质和品格。

前有黄庭坚咏叹："凌波仙子生尘袜，水上轻盈步微月。"

姚文奂诗曰："离思如云赋洛神，花容婀娜玉生春。"

后有秋瑾赋诗："嫩白应欺雪，清香不让梅。"

可在希腊神话中，水仙则成了"自恋"的代名词。

美少年那喀索斯生就一张盛世美颜，几乎无人能敌，受到众多神女的爱慕，却不肯回应她们。神女们怒不可言，对他下起了诅咒："但愿他有朝一日爱上一个人，却永远也得不到她的爱！"

然后，那喀索斯看到了自己在水中的倒影。无人能敌的盛世美颜，将他自己都震惊了。

他对自己在水中的倒影一见钟情，流连忘返，难以自拔，终有一天，青春耗尽，油尽灯枯，倒在水边憔悴而死。

不久后，在他倒下的地方，长出一株株娇黄的水仙花，成为那喀索斯的新化身。

出于此故，心理学家将自爱成疾称为"水仙花症"，而胡兰成声称"张爱玲是民国世界的临水照花人"，颇有点像西方心理学家东施效颦的味道。

这样的评价，在张爱玲所处的年代，也只有胡兰成才说得出。

2 ///

家世显赫，作为名门世家李鸿章的后代，自幼饱读诗书，张爱玲的高傲和卓尔不群是有理有据的。

现存的她的照片，身穿典雅旗袍，要么微微颔首，要么稍稍抬头，无论是正身还是侧影，无论是一颦还是一笑，无一不透露出家世优越的骄傲和贵气。

这样骄傲的女子，本只可远观，亲近不得，却为了他变得很低很低，低到尘埃里。

他出生寒微，在故乡是出了名的"荡子"。在动荡乱世，为了实现个人"远大抱负"，不惜叛国欺民，为世人所不齿。

他素来多情风流，纵情声色，在其自传《今生今世》中自诩："江山与美人，注定要落入荡子的怀中。"

一个"荡"字，道尽了他的情感作风和人品。

可他偏偏是满腹经纶，精明通达的，因为在一封信里说她谦逊，便被她回信："因为懂得，所以慈悲。"

自幼鲜有母亲关爱，又常受父亲虐待，她一直很孤独，是渴望被理解，被懂的。她渴望能有一个懂她的人，走进她的世界，温暖她不可言说的孤独。可孽缘是，你渴望的懂得往往来自一个错误的人。

常在情场流连，他太懂女人的心思，知道女子一旦爱上一个人，是会觉得委屈的。

她送来字条，叫他不要去看她。他深谙女子那种理性与感性碰撞的矛盾心理，依然故作无事一般去看她，使她越陷越深。可见了他，她仍又欢喜。正如她亲手在照片上题的字：

见了他，她变得很低很低，低到尘埃里，但她心里是欢喜的，从尘埃里开出花来。

从此，他就牢牢地将她掌控在手心。他在《今生今世》中说，他有妻室，她不在意。他有许多女友，乃至"挟妓游玩"，她也不吃醋。

"她倒是愿意世上女子都欢喜我。"

言语间的得意和无耻，可想而知。

但这世间，哪有女子能从心底让别人来分享自己的幸福？所有的包容和宽恕，不过是因为爱得太深，害怕失去而已。

他终于许了她承诺，与前妻离婚，在炎樱的证婚下，与她共结连理。

她在婚书上撰写："胡兰成张爱玲签订终身，结为夫妇。"他添了一句："愿使岁月静好，现世安稳。"

岁月静好，现世安稳。在如今的和平年代都是一个奢求，更何况兵荒马乱的乱世。

一纸婚书，对于她是承诺，而对于生性浪荡的他，不过是一张纸。

结婚不到两年，他因工作迁到武汉，在武汉娶了护士周训德，逃难到温州，又在温州娶了寡妇范秀美。

她去温州寻他。这段令她感到羞耻的日子，写尽了她和他这段感情的卑微与心酸。

一贯高傲的她，近乎讨好地夸范秀美生得好看，当即要为她作画。

她一笔一笔勾勒出脸部轮廓，画出眉眼口鼻，画着画着，再也画不下去了。

一直在旁边观看的胡兰成问她为什么不画，她说："我画着画着，只觉得她的眉眼神情，她的嘴，越来越像你，心里好一惊动，一阵难受，就再也画不下去了。"

即便心里委屈得像一粒尘埃，她还担心他怪她心眼小。她不能怨，不能恨，只能选择卑微地委曲求全，却实在无法自欺欺人。

"也许每一个男子全都有过这样的两个女人，至少两个。娶了红玫瑰，久而久之，红的变了墙上的一抹蚊子血，白的还是'床前明月光'；娶了白玫瑰，白的便是衣服上的一粒饭粘子，红的却是心口上的一颗朱砂痣。"

言语戏谑，却字字锥心。用她在《红玫瑰与白玫瑰》中的文字，来形容自己的这段感情，一点也不为过。

深陷爱中的女子，哪一个不希望对方将自己捧在手心，好好珍藏？

在女子眼中，以喜欢的男人受其他女人爱慕来证明自己的眼光，与男人主动去左拥右抱，毕竟是两码事。前者，是男人自身有魅力；后者，则是风流成性，自负而又滥情。

这样的凉薄，配不上她这样的深情。她还是想要一心人的。

虽向他摊牌让他做出选择，而她也深深明白，一个百花丛中流连的荡子，怎么可能只在一个地方停留？

她还是离开了。一年多之后，待胡兰成安然度过危难时期，他收到了张爱玲寄来的一封信："我已经不喜欢你了，你是早已经不喜欢我的了。这次的决心，是我经过一年半长时间考虑的。彼惟时以小吉故，不欲增加你的困难。你不要来寻我，即或写信来，我亦是不看的了。"

随信还寄了 30 万元，以便他后世经济无忧。他给不了她"岁月静好"，她也要保他"现世安稳"。

这朵低到尘埃里开出的花，还没来得及沐浴灿烂骄阳，还没来得及饱受雨露的滋润，就匆匆枯萎，凋零。是什么颜色？散发出什么香味？花朵有几重瓣？都没来得及瞧个仔细。

她的后半生，也随着这朵花的枯萎而枯萎，并随之凋零了。

离开胡兰成之后，她远走美国，晚年孤苦凄凉，死后整整七天，才被人发现。

余秋雨在《张爱玲之死》中说："她死得很寂寞，就像她活得很寂寞。"

也许，她这朵花，就是一朵寂寞之花吧。

3 ///

离开胡兰成的张爱玲，随着寂寞之花的萎谢，创作才能也萎谢了。那之后，她再没能创作出流芳百世的好作品。我们不由得替张爱玲感到惋惜，可惋惜之余，更有种"恨铁不成钢"的隐痛。

她的才情并非因胡兰成而来，却因胡兰成而萎。一代绝世才女的才情，就这样被一个滥情荡子毁于一旦。难道，除了认命，她就没有别的选择了吗？

维也纳医科大学心理精神病学终身教授维克多·E.弗兰克尔，在其著作《活出意义来》中，用其在纳粹集中营中的亲身经历，向我们说明了一个道理：生活是可以选择的。

在书中，他写道："生命中的一切都可能被剥夺，只有一个例外，那就是你可以决定怎样去应对你所面临的处境。这一点决定了我们生命的质量——不在于贫富，不在于名声，也不在于健康与否。决定生命质量的，是我们对现实的认知，面对现实的态度，以及我们由此生发的心境。"

这段话，被简·方达引用着带上了 TED 演讲。

作这场演讲时，简·方达已经年过七旬。她戴着近年来时髦的黑框眼镜，浓密弯曲的睫毛在镜框里扑闪扑闪，精致的妆容，端庄的仪表，铿锵有力的谈吐，无一不透出时光在这个女子身上精心雕琢出的痕迹。

可她并不是一个生来就受尽宠爱的女子，她的前半生遭性侵，离过 4 次婚，无数次遇人不淑，像芭比娃娃一样被男人玩弄于股掌，直到晚年才活出了一个真女神的样子。

可即便是晚了些，迟来的醒悟和成长，总比不来要好。

简·方达是奥斯卡影帝亨利·方达的女儿，1937 年出生于纽约。由于父母感情不和，经常吵架，简·方达从小就没有安全感。小小年纪，她就懂得隐藏自己的真实需求，装出一副听话的样子，以讨得父母喜欢。由此开始，讨好别人成了她的人生目标。

她第一场婚姻嫁给了导演罗杰·瓦蒂姆。简·方达在回忆录中，形容瓦蒂姆是一个"善于修饰女人人格"的人。而瓦蒂姆在自己的回忆录中，则声称自己是一个自由主义者，"拒绝承担任何形式的责任"。

他在回忆录中反复强调自己将简·方达"变成家庭奴隶"。两人共同生活的七年时间里，他从没想过要做家务，不是待在家里写作，就是外出钓鱼。而她则把家务当成女人分内的事，凌晨就起床赶往片场拍戏，一天的劳累下来，还是操持各种家务。有时，她忙得一连几天不能着家，再次回家时，水槽里的碗碟已经摞得老高。

即便如此，她也不能有任何怨言。因为她认为，只有保持沉默，做个完美无私的家庭主妇，才能将瓦蒂姆留在身边。

母亲留给她的遗产，被他拿去赌博，挥霍一空，她反而觉得自己不够慷慨。

他有一套"独特"的生活观，认为节省和妒忌都是中产阶级作风，而他一再跟朋友强调，要为性自由和开放式婚姻，抛弃中产阶级道德。

为了成为他心目中的完美妻子，她必须要开放，慷慨，大度，没有"中产阶级作风"。

有天夜里，他带回一个高级应召女郎，暗示她要来场"三人行"。她从没想过要提出反对，并调动起自己作为演员的技巧和激情，参与其中。到最后，连她自己都以为，自己能从中得到乐趣。

为了满足他的欲望，她接拍了情色科幻片《太空英雄芭芭丽娜》。这部影片，他原想请性感尤物碧姬·巴铎来主演。两人曾合作《上帝创造女人》，并且后者因该片一炮而红。但碧姬·巴铎没有接戏。简·方达本也不想接，但这部戏将要由他导演。而且她知道他是个科幻迷，于是，便接了戏。

影片出来的效果并没有他预料中的好，有些评论对她在片中的表现极尽讽刺之能事，她却为自己不是碧姬·巴铎而替他感到难堪，将影片的失败归结到自己一个人身上，甚至企图用生孩子来挽回即将瓦解的婚姻。

做母亲使她变得坚强起来，事业的不断进步也令她渐渐恢复了自信。她开始越来越不满于他的荒唐，可还是下不了决心离开他。

回忆录中，她提道："不论有多痛苦，与他在一起才能说明我的价值。没有他我怎么办？我又是谁？我将没有生活。与他一同创造生活，我在这里投入过多，已经步入他的生活，以至于我连自己都找不到了。但'我自己'又是谁？我无法肯定。"

原来，她已将自己放得太低太低，低得都看不到自己。难能可贵的是，她不断自我反省，不断学习，渐渐意识到自己应该走向独立。她想重生。

那天，她走进理发店，将一直以来男人喜欢的金色长发剪短，染深，准备从"头"开始，重新面对生活。

后来的她，又连续经历了三场失败的婚姻，浑浑噩噩，辗转反复。好在她从没放弃过审视自己，常常回顾自己的人生，从中吸取教训，一次又一次坚强成长起来。

她两次获得奥斯卡影后，并一度摇身变成"健美皇后"，引领了一股有氧健美操风潮，并成为著名的社会活动家"河内的简"。

更令人敬佩的是，繁华落尽时，在普通人该落叶归根的年纪，她却活出了年轻人的矫健姿态和对人生的积极态度。

她以最大的坦诚直面自己的人生，从与父亲疏远的关系，到母亲自杀带来的阴影，再到四场失败的婚姻，像一个医学生一样，将自己解剖，里里外外从皮肤，到肌肉，到器官，到神经组织，最后到精神世界，都一一审视个够，最终得出结论："在度过第三幕这个阶段时，你应该使你的遗憾尽可能地最小化，这才是你应有的生活方式。"

在 TED 演讲中，简·方达将 50 岁以后的晚年阶段，称之为"人生的第三幕"，认为人应当不断寻求精神的升华，走向智慧、完整和真实。这条路，无论何时开始，它终将会把她领入正确的人生方向。

现在的她，已经 80 岁，依然活力四射，气度非凡，并且常年如一日地活跃在一线，是包括蕾安娜在内的美国当代诸多明星心目中的偶像。

此外，她还常年保持短发造型，过独居生活。

我们完全不用为一个耄耋老人无人陪伴而感到忧愁，因为她再也不用放低姿态，去讨好任何一个人。她已经浴火重生，从大火燃烧的灰烬中绽放出了全新的生命。那不是花朵，而是涅槃重生的火凤凰，身上的火焰生生不息，具有永生的力量。

4 ///

"一生至少该有一次，为了某个人而忘了自己，不求有结果，不求同行，不求曾经拥有，甚至不求你爱我，只求在我最美的年华里，遇到你！"

这段被讹传为出自徐志摩的话，替多少为爱而生的女子找到了"作践"自己的借口。

你明知他的心思不止在你一个人身上，可是你爱他，不想失去他，这段应该叫作幸福的路，明明透着苦涩和酸楚。你依然心存侥幸，以为自己可以用爱感动他，甚至改变他。

但要改变一个人何其艰难。即使感动了他，留下来的也只有羁绊，没有情感。当一个人所负羁绊过多过重，最终还是会恼羞成怒，一气之下斩断情丝。

用感动去束缚一个男人，其结果只会令男人因爱生恨。

爱情本应相互成全，而不该委曲求全。一个真正爱你的男人，不会舍得让自己心爱的女人受一点点委屈，更不忍眼睁睁看着自己的爱人降低姿态，卑躬屈膝。

更何况，本就带着委屈求来的，怎么都不可能齐全；而姿态极低的尘埃里，没有雨露的滋润，焉能开出花来？

他不喜欢看电影，你就再也不上影院。

他不喜欢外面伙食油腻，你就在家做家常菜吃。

他讨厌过节时街上人群拥挤，你在情人节、圣诞节的时候都不出门。

他嫌拍婚纱照费钱费时费力，你就用手机拍张合影，作为结婚证的登记照。

他说是那个女人自己送上门来的，你就只恨"那个女人"引诱了他。

……

你以为，只要他爱你，你什么都可以不计较，可分明，你还是会羡慕小情侣手牵手去排队看电影；会凝视着街边餐厅里进餐的两个人有说有笑而出神；会盼望他能破个例在情人节的时候给你一个惊喜；会看着橱窗里的婚纱痴痴的，脚步不移；会在他偶尔失神的时候满心狐疑……

你还是渴望他浪漫一点，懂得你内心深处的少女心思，偶尔给你一个惊喜的吧？

你还是渴望他细腻一点，读懂你面部表情的变化，关切地对你嘘寒问暖的吧？

你还是渴望他温柔一点，对你百般呵护，千般宠爱，将你捧在手心的吧？

你还是渴望他良心发现，回忆起与你的前尘种种，浪子回头的吧？

哪有女子是真的愿意一味地付出，而不求一丁点回报的呢？就连母爱那么无私，都还会要求养儿防老呢！

何况，你受尽了委屈，他还未必感激你。

毕竟，一个满腹委屈的女子，必伴有唠里唠叨、敏感多疑、幽怨自怜、过分依赖和处处讨好等多种并发症。

它们共同的名字叫"迷失自我"。

连自己都弄丢了的人，又怎么可能找得回男人的心呢？

长点心吧，傻姑娘！爱情和婚姻，只有建立在平等的基础上，才会长久。

没有人天生好脾气，不过是懂得，生气不如争气

1 ///

公司从总部调了位总经理过来。

新官上任三把火。别的新官"烧"的政策、路线、办事方式，这个新官"烧"的真是"火"——"火气"的火。

一上来，开大会，指着一帮同事的鼻子就开骂："业绩这么差，都是干吗吃的？""广告投了那么多钱，没见一点转化率，都怎么做事的？""现在谁不做网络渠道，你们自己玩手机倒是不亦乐乎，倒是把网络这块也搞起来啊！""拿不出一点切实可行的方案，公司养你们这批人都白养了！"

目光凶猛，言辞激烈，情绪激愤，骂得弯弯和一帮同事连头都不敢抬。距离总经理近的同事更倒霉，唾沫星子溅到脸上都不敢当面抹去。

紧接着第二把火——没日没夜地加班，越是过年过节越要做好紧

急备战。什么一家老小团聚，什么天伦之乐，非常时刻就都不用想了。总经理说："业绩上不去，这个年，大家都别指望能好过！"

第三把火——用同事的原话说："太猛了，心都烧成灰烬了"——取消今年的年终奖。大伙都绝望了，年后一个接一个地辞职，就连同事间的问候语都变成了："你还撑得了多久？"

一天，素有好脾气之称的总监，在总经理办公室被训。隔着玻璃墙，整层办公楼都听得见总经理的情绪激动。大家都竖起耳朵，心情忐忑地静观局势，忽见总监拉开总经理办公室的门，大喊一声："老子不干了，爱找谁找谁！"摔门而出。

"这下真完了。平时陈总骂得再凶，总监还能罩罩我们。他这一走，我们彻底没有保护伞，只能自求多福了。"弯弯说。

自从这个陈总调来后，公司的同事走了七七八八，人事部招人都招不到，怨气满天。也许是老面孔越来越少，也许是总监用实际行动给了大家勇气，总监辞职之后，一股"尬脾气"的连锁反应迅速在同事间蔓延开来。

"谁还没得一点脾气，我又不是吃白食白拿钱，凭什么每天要任他伤自尊？"

同事们都底气十足，像在夜店尬舞一样，跟陈总尬起脾气来。你骂我辩，你拍桌子我摔门。办公室一时热闹得不行，只有弯弯，依然静静地对着电脑做报表，分析数据，撰写新方案。

我说："你也真沉得住气啊。"

弯弯说："我哪里是沉得住气，不过是明白自己业务能力差，没资格发脾气，只能争口气罢了。"

弯弯的话不禁令我深深佩服。

弯弯是典型的富养养大的女孩，父亲是高校资深教授，母亲是名企高管，家境优渥，从小到大没经历过风雨，就连老公都是初恋加青梅竹马。全家人将她捧在手心，没让她受过一点点委屈。在公司弥漫着"尬脾气"的氛围里，还能这么沉着冷静，不得不令人点头称赞。

先不评"尬脾气"一举是对是错，即便两军对垒，决定战果的，终究是实力，而不是气势。

没有人天生好脾气，受到侮辱、伤害甚至攻击的时候，还能淡定自若的，一定是拥有一颗超出了常人无数倍的强大内心。

2 ///

王小波说，人的一切痛苦，本质上都是对自己无能的愤怒。

脾气越大的人，往往能力越弱。没有解决问题的实力，就只能简单地动动嘴皮，发发脾气。

往往，一个人脾气暴躁的时候，正是他的人生低谷，令他倍感无能的时候。

梦露在一次试镜失败后，经人介绍，认识了初恋男友。那时，她尚未成名。

为了方便与男友来往，她将住处搬到他家附近不远的地方，每天坐在家里等着爱人上门找她。

她爱他，她是确定的。但他是否爱她，她一直找不到确定的答案。

男友喜欢开她玩笑，常常语带讥讽，嘲笑她见识短，眼界小。

虽然他说的都是事实，可这个事实从他嘴里说出来的时候，格外伤人。

他想点拨她，问她："你人生中最重要的是什么？"

梦露说："你呀。"

他笑着说："要是我死了呢？"

梦露哭了。

他说："你太好哭了，脑子还没开窍。跟你的胸部比起来，脑子才刚刚萌芽。"

她无力反驳，因为当时的她，需要查字典，才能明白"萌芽"是什么意思。

他继续说："你脑子太迟钝，从来不思考人生，就像个救生圈一样，只知道浮于表面。"

直到很多年以后，经历了蜕变的她，才明白男友这些话都只有一个含义——说她"胸大无脑"。

可这个时候除了知道自己"蠢"，还真不知道"蠢"居然还能有这么多种高深的说法。

一个人的时候，她脑海中一遍又一遍重现他说这些话时的样子。

"我这么蠢，他怎么可能爱我呢？"

想通了这一点，她开始阅读。在戏剧导师娜塔莎·莱泰斯的指导下，她阅读托尔斯泰和屠格列夫的著作，读到爱不释手，废寝忘食。

当爱情离开，她的新恋人就变成了书籍，并且相伴她一生。

威廉·曼彻斯特在《光荣与梦想》一书中说："她（梦露）那气喘吁吁的娇音、炽烈的情欲、淡灰色的秀发、温润的香唇、迷人的蓝眼睛和撩人的玉步，无不使男人为之神魂颠倒。"

拥有梦露这样得天独厚的优越条件，她实在没必要再拼才华和内涵。她说："我想要成为一个艺术家，而不是色情怪物。我必须开始奋斗，成为真正的自己，展现自己的才华。如果我不抗争，我会成为一件商品，在影碟推车上被售卖。"

在梦露的纪念网站上，粉丝们通过拍卖目录、档案照片和影像资料，整理出了一份书单。430 本书中，390 本有文字资料可查，40 本有照片等资料确证。

曾有人质疑，很多梦露读书的照片可能只是摆拍。

其中有一张梦露身穿黑白菱格泳衣认真阅读《尤利西斯》的照片，由摄影师伊芙·阿诺德于 1952 年拍摄完成。

美国文学教授理查·布朗致信阿诺德，询问他那是不是摆拍。

阿诺德回复："我在与玛丽莲初遇时，就看见她在阅读《尤利西斯》。她说，自己很喜欢书中的笔调，但读起来实在辛苦。当我们俩抵达拍摄地，我在装底片准备开始拍摄时，发现她还在一直努力地阅读，我就抢拍了这张照片。"

她报名南加利福尼亚大学，选了一门艺术学的课程。此外，她还写诗。

《玛丽莲·梦露私密手稿》一书，集结了梦露生前，在活页记事本上写下的一百余张手稿。片段式的记录，诗一样的文字，向人们展现了一张绝世容颜下的丰富内心和复杂灵魂。

我曾翻译过一小节诗，发表于《英语广场·美文》杂志上。诗的内容如下：

O, Time

Be Kind.

Help this weary being

To forget what is sad to remember.

Lose my loneliness,

Ease my mind,

While you eat my flesh.

(by Marilyn Monroe)

噢，岁月

手下留情些。

帮这个疲乏无力的身躯

将铭记的伤痛全忘却。

如果你吞噬我的肉体，

请同时夺走我的寂寞，

宽慰我的心扉。

（车厘子　译）

这节小诗，痛苦中略带柔情，简短却深邃，令我颇为动容。

浏览她留下的手稿可以发现，她的文字中，流露出一种不可遏制的痛苦和敏锐细腻的情感，却不失温暖和柔情。

就连梦露最后一任丈夫、著名剧作家亚瑟·米勒也不得不承认："她有作为一个诗人应有的直觉和本能。"

能称之为"诗人"的人，能肤浅到哪里去？

大概梦露的初恋男友自己也不曾想到，他眼里脑子"不开窍""太迟钝""刚萌芽"的肤浅女孩，会拥有那么多藏书，而且还会写诗，甚至后来还出了一本自传《我的故事》。

对此书有兴趣的朋友，我建议去读英文原版。

在梦露自己的语言里，你才能深刻领略到她的坦诚、她的文笔、她的思维逻辑和内涵。

读了她的文字之后，你会跟我得到同样的结论：原来梦露并非"胸大无脑"，她也是个有灵魂的女子，而且是个灵魂有香气的女子。

同时，你也会从中发现，梦露对逼她上进的初恋男友从没生过气，可她明明承认过自己是个"暴脾气"。

她知道男友不可能爱上一个"蠢蛋",所以,她努力让自己变得有内涵,有脑子,有灵魂,直至将自己变成一个文艺青年。

这份自知之明的通透,这份脚踏实地的努力,才让一个昔日无知的少女,逆袭成一代绝世女神。

3 ///

其实,发脾气能有什么好处呢?问题依然悬而未决,自己发脾气时面孔的狰狞,光想想就令人倒胃口,实在是得不偿失。

更何况,脾气一上头,冲动的魔鬼就会占据绝对优势,撺掇你铸成大错,让你后悔莫及。

胡因梦和李敖离婚的时候,感叹自己"经历了一场无可言喻的荒谬剧",这跟她年轻时任性的脾气不无关系。

胡因梦与李敖结婚仅 115 天,离婚打了三年官司。

在接受《新周刊》采访时,胡因梦坦言:"他带给我的震撼太大了,因为我跟他打了三年的官司,他差一点让我因为无关的事情入狱。"

俗话说,一日夫妻百日恩,胡因梦 115 天的婚姻,换来的却是三年的官司和差点入狱的结局,不可不谓教训惨重。

更有甚者,离婚后的李敖还经常在公众场合调侃她。有人做过统计,李敖的节目《李敖有话说》共 735 集,其中变着法调侃胡因梦的,多达一百多集。

胡因梦 50 岁生日时，李敖送了她 50 朵玫瑰。在辅仁大学演讲时，李敖透露了自己的目的："其实也有一点嘲讽的意思在，提醒她已经 50 岁了。"

这类事例不胜枚举，只要打开电脑搜索"李敖、胡因梦"，我相信搜索结果会告诉你，什么叫大写加粗的"遇人不淑"。

胡因梦是台湾 70 年代的知名影星，曾获金马奖最佳女配角，号称"七十年代台湾第一美女"，并与林青霞、林凤娇和胡慧中并称为"二林二胡"，在台湾曾经风光无限。

她曾在名校辅仁大学就读。离校后，校内用"从此辅仁大学没有春天"，来形容对这位美女的离去所表示的遗憾和惋惜。从此，辅仁大学所有的春心荡漾，都随着她的离去而荡然无存了。

应《时报周刊》的发行人简志信邀请，李敖曾专门为胡因梦写过一篇短文，题名《画梦——我画胡因梦》：

如果有一个新女性，又漂亮又漂泊、又迷人又迷茫、又优游又优秀、又伤感又性感、又不可理解又不可理喻的，一定不是别人，是胡——因——梦。

通常明星只有一种造型、一种扮相，但胡因梦从银幕画皮下来，以多种面目，教我们欣赏她的深度和广角。她是才女、是贵妇、是不搭帐篷的吉卜赛、是山水画家、是时代歌手、是艺术的鉴赏人、是人生意义的勇敢追求者。她的舞步足绝一时，跳起迪斯科来，浑然忘我，旁若无人，一派巴加尼尼式的"女巫之舞"，她神秘。

胡因梦出身辅仁大学德文系，又浪迹纽约格林尼治区，配上前满洲皇族的血统和汉玉，使她融合了传统与新潮、古典与现代、东方与西方，她是新艺综合体，她风华绝代。

你不能用看明星的标准看胡因梦，胡因梦不纯粹是明星。明星都在演戏，但胡因梦不会演戏——她本身就是戏。

你不必了解她，一如你不必了解一颗远在天边的明星；你只要欣赏她，欣赏她，她就从天边滑落，近在你眼前。

由此可见，胡因梦是一个风华绝代、才华卓越、多才多艺的女子。

而且查阅有关资料发现，胡因梦大半生都投身于身心灵的探索和疗愈之中，对自我和人性有着直指本觉的洞察力和反思能力。

此外，在与李敖正式结婚前，两人还同居试婚过。两人朝夕相处，同床共枕，终日面对面，适合不适合，能不能长久，在相处的细节中一定会露出各种蛛丝马迹。难道，聪明如胡因梦，被爱情冲昏了头脑，蒙蔽了双眼？

在她的自传《生命的不可思议》中，胡因梦透露，对于她和李敖的婚事，本来她是很犹豫的，却因为跟母亲赌气，反倒坚决地要嫁给李敖。

书中记录，李敖拿了一笔钱给其当时的女友刘会云，请她到美国回避一阵子。不久后，李敖心疼起这笔钱，对胡因梦母亲说："我已

经给了刘会云210万，你如果真的爱你的女儿，就应该拿出210万的'相
对基金'才是。"

胡母一听脸色大变，撂了一两句话转头就走。

第二天，胡母斩钉截铁地对胡因梦说："李敖已经摆明了要骗我
们的钱，你可是千万不能和他结婚啊！"

胡因梦听了心里很不舒服。

她和李敖尚未公开恋情的时候，母亲就认为，台湾唯一配得上她
的男人只有李敖。那时，即便知道李敖已经有了女友刘会云，母亲也
是"举双手双脚"赞成两人在一起的。如今又举双手双脚反对。

胡因梦心想：我又不是你们之间的乒乓球，嫁不嫁该由我决定
才对。

于是，穿着睡衣跑到李敖那儿，在客厅里跟他结了婚。结婚时的
新娘服，还是那身睡衣。

原本是为了争取婚姻自主权，跟母亲赌一口气，没想到这场婚姻
并没有如胡因梦所料为她带来自由，反倒以迅雷不及掩耳之势，反手
给了她一个耳光。速度之快，快如闪电。

婚礼结束当晚，李敖坐在马桶上要她给他泡茶喝，还十分得意地
说："你现在约已经签了，我看你还能往哪儿跑，快去给我泡茶喝！"

胡因梦随即将结婚证书拿出来，当着他的面，将他所谓的"合约"
一撕两半，对他说："你以为凭这张纸就能把我限制住吗？"

论脾气，能在结婚当天就撕碎结婚证书，胡因梦的脾气也是够大

的，更别谈将自己的个人幸福当作斗气的筹码。

现实很残酷，但也一直在用它独有的方式彰显它的公平。

离婚后的事实，无一不在向胡因梦暗示：当初因为赌气做出的决定，一定会通过各种途径，让你为自己的一时冲动，付出高昂的代价。

不过胡因梦之所以成为胡因梦，一定有其令常人不及之处。

她的过人之处就在于，赌气酿成后果后，懂得及时收敛，并深入到自己的灵魂，向内心深处进行探索。

她诚实地面对自己的过往，坦诚地将自己跌跌撞撞的经历，融入笔端，著书立传，写成《生命的不可思议：胡因梦自传》一书，丝毫不回避自己的童年阴影、感情纠葛和周遭诸多事件的缘起缘灭。

这本书，不仅记录了她的成长，还记载了她觉悟和自救的全过程，是一本自我觉醒的成长之书。

35 岁之后，胡因梦彻底息影，完全投入到有关"身心灵"探索的翻译与写作中，出版译作《生命的轨迹——深度心理分析手册》《改变，从心开始：学会情绪平衡的方法》《世界在你心中》等，并原创了《胡言梦语》《茵梦湖》《古老的未来》《死亡与童女之舞》等作品。

如今的她，虽已不再年轻，却热情而又冷静，恬淡的微笑中透出智慧的光芒，遇到前夫指名道姓的调侃，也能淡淡地一笑而过。

多年以后，面对《新周刊》的提问，再次谈起前夫李敖，胡因梦坦言，李敖是她生命中最重点的人。任何事情的发生都不是偶然的，只有在内在世界里探索，才找得出事件发生的必然内因。

这番感悟，让人深刻体会到她精神世界的富足和安定。

有智慧与平和相伴，即使青春不再，她也能在岁月里修炼得光彩照人。

这才是真女神！

4 ///

弯弯的争气，最终也让她完成了属于自己的逆袭。

总监辞职后，职位空缺，一直无适当的人选可以填补。

出乎弯弯意料之外的是，总经理居然将她推荐上了这一职位。

总部高层面试弯弯的时候，问她："陈总这人的脾气我们是知道的。公司的情况我们也大致有个了解。他用人一向挑剔，你又是怎么让陈总对你刮目相看，赞口不绝的呢？"

弯弯谦虚地回答："可能是我比较争气吧。"

争气，而不是生气，是弯弯对自己的努力给出的最好的诠释。

宠爱自己

其实，发脾气并非一件天理不容的事。适当的情绪表达，反倒有利于身心健康。

美国著名心理医生派克曾说：在这个复杂多变的世界里，要想人生顺遂，我们一定要学会生气。

怎样生气才算合适？

你需要分辨出自己生气的对象和原因，就事论事，目标明确，不将无辜的人当撒气桶。

情绪是一个日积月累的过程。如果某件事令你产生愤怒情绪，适时发泄出来，才不至于压抑内心，形成暗流，最终溃堤不决。

我们小区的幼儿园里，老师一再强调要允许孩子发脾气。只要孩子发泄情绪时，不伤害别人，也不伤到自己，任何方式都应该允许。

诸君不妨借鉴一用。

不过，发泄完毕，还是要反省自己，努力改正自己的不足，才能令自己不被情绪所左右。

共勉吧！

感情谈完了，也该谈谈钱了

1 ///

一妙龄女子身穿素雅旗袍，侧身坐在钢琴前，颔首低眉，专注地拉着手里的小提琴。

虽只是一个侧影，但身形婀娜多姿，眼神含情脉脉，如此静美，仿佛她一抬头，一转身，就能释放出优雅的光华。

这是著名画家徐悲鸿先生的名作《琴课》，画中女子即为徐悲鸿的第一任妻子蒋碧薇。

蒋碧薇生前，将这幅画一直悬挂在她卧室的床头，伴她直至终老。

这幅画 2002 年登上嘉德拍卖场的时候，以 165 万元的高价成交。而它不过是徐悲鸿先生生前留给蒋碧薇众多画作中的一幅。

两人共同生活了 26 年，最终没能相伴终老。他要离婚再娶，她索要了一笔赡养费：100 万元现金、徐悲鸿画作 100 幅，以及每年 50

万元的子女抚养费。

听起来，似乎是笔巨额费用。当蒋碧薇的离婚律师端木恺将她的离婚条件转达给徐悲鸿之后，他竟以数目太大、自己没有钱为由反悔。

为了这件事，他还专程宴请了一众好友，席间大骂蒋碧薇"敲竹杠"，狮子大张口。

了解两人情史的共同好友宗白华先生，语重心长地劝慰他："悲鸿，假如我处在你今天这样的地位，哪怕写文章，赚稿费，我也要解决离婚问题；何况，你是画家，多画几张画不就行了？"

事实上，按照当时的市值，一百万元仅仅抵得上一个普通公务员一年的薪水。儿女的抚养费断断续续地寄过几十万，也因货币贬值，不值几何。唯独留给她的那些画，让晚年拮据的蒋碧薇得以维持生计。

蒋碧薇与徐悲鸿的这一段情，正应了亦舒借《喜宝》说出的那句话：我要很多很多的爱。如果没有爱，那么就很多很多的钱。

从蒋碧薇的生平可知，她并非一个贪慕虚荣的女子，只是相对于已经逝去的感情而言，钱在这个时候，显得更友好，更可靠。毕竟，它永远都不会背叛自己。

2 ///

蒋碧薇原名蒋堂珍，1898 年出生于江苏宜兴的书香名门，自小饱读诗书，知书达理，心性高傲。

13 岁那年，父母为她定下了同是名门望族出身的查紫含为夫。未婚夫在蒋父执教的大学求学，临考前差家中小弟找未来岳丈索要国文试题。

这件事给她的心理上带来极大的刺激。一个堂堂书香门第出身的公子，考试却要开后门作弊，这令她很难过，觉得自己的未婚夫太没志气，对他很是失望。

同时期，徐悲鸿经朱了洲引荐，长期出入蒋家。徐悲鸿身世可怜，但他积极进取，努力上进，而且才华横溢，给从小不出洞门的她带来前所未有的喜悦和新鲜感。

她情窦初开，却碍于自己已经许配他人不敢越雷池半步。

一天，母亲随口提起：查家明年就要来迎娶了。

她心中一震，一个人待在楼上，想起自己即将到来的命运，不禁悲从中来，趴在桌上嘤嘤哭泣。这时，楼梯上响起匆匆的脚步声，他回来取遗落的手帕，正好撞见她在哭。

他伸出手拍拍她的肩膀，说："不要难过。"然后转身下了楼。

原来，他也关心她，知道她的心事。而后来的事实更加证明，他早已对她情根深种，欲救她于水火。

有一天，趁她父母不在，朱了洲突然问她："假如现在有一个人，想带你到外国，你去不去？"

聪慧的她，一听就知道朱了洲所说的"他"指的是谁。她对他是爱慕的，查家的门她也是不想进去的，在还没来得及考虑他要带她出去是出于什么用意的情况下，她竟脱口而出："我去。"

这之后，他便刻了一对水晶戒指，一只刻字"悲鸿"，另一只刻字"碧薇"。有人问他"碧薇"是什么意思，他得意地回答："这是我未来太太的名字。"

然后，他们暗度陈仓，在一个夜里，留下书信给蒋家父母，东渡到了东京。那一夜，她戴上了那只刻字"碧薇"的水晶戒指，从此更名"蒋碧薇"，开始了与他颠沛流离的前半生。

这又是一个卓文君与司马相如的故事。她荆钗布裙，去锦绣，解簪环，一路和他颠簸到巴黎。时局不稳，他的官费供应不上，两人经常饥肠辘辘，靠去朋友家蹭饭打牙祭。

眼看着就要断炊，他无计可施，只好打发她去刘纪文家借钱。因出身名门闺秀，到底低不下头。她在刘家待了五个多钟头，始终鼓不起勇气向朋友开口。他倒也没有任何怨言。

为了维持生计，她到百货公司做绣工，他为书店出版的小说画插图，虽然收入微薄，总算还能苟延残喘，不致活活饿死。

那段日子，是蒋碧薇与徐悲鸿最为清苦的日子，却也是他们感情最为融洽的日子。在最困苦的时候，两人互相鼓励，互相陪伴着，相濡以沫，携手躲过风雨，去说服明天的命运。

而他们的命运是，他的官费停发，眼看着就要流落海外。无奈之下，二人商量，他先回国筹集经费，她留在巴黎等他。

这一等就是九个月。她苦苦等他筹回一笔款项，却被他用来买金石书画，所剩无几，两人再次陷入山穷水尽的境地。

在回忆录里，蒋碧薇说："我从十八岁跟他浪迹天涯海角，二十多年的时间里，不但不曾得到他一点照顾，反而受到无穷的痛苦和厄难……"

后人常以蒋碧薇向徐悲鸿提出的离婚条件为由，断定她是一个贪慕虚荣的物质女子，我不禁想问：一个贪慕虚荣的物质女子，会抛下殷实的家底，陪着一个籍籍无名的穷酸男人颠沛流离，而且一过就是二十多年吗？

她是爱他的，纯粹而且壮烈，不掺任何杂质，以至于张道藩对她展开猛烈追求时，她是断然拒绝，没有给对方一点机会的。

可他只爱艺术，不爱她，甚至在筹款期间，结识了一位华侨小姐，还订了婚。因为南洋战乱，婚事最后不了了之。

她从黄曼士夫妇那听到这件事时，已经跟徐悲鸿到了无可挽回的境地，正在商谈离婚条件。那时，她倒是可以呵呵一笑而过。可若是早十年得知，以她刚烈的个性，恐怕徐悲鸿没什么好果子吃。

3 ///

多情才子多情种，仿佛文艺界的多情种尤其多，多喜欢以自由的名义追求爱情。只要遇上爱情，什么妻子孩子、伦理道常、家庭责任都可以弃之不顾。他们就像追求文艺灵感一样追求爱情的火花，为了瞬间的灿烂，全然不顾点火人手上的灼伤，徐志摩如是，徐悲鸿也如是。

1930 年，她回老家宜兴料理亲人丧事，收到他的来信：如果你再不回来，我可能要爱上别人了。

她以为他只是想要她回家，一回家听到他的陈述，她顿时犹如五雷轰顶，一时无法遏制，伤心到哭了起来。为了安慰她，他一再辩解只是爱重别人的才华，别无他意。可是，朝夕相处、同床共枕的人要是变了心，天性敏感的女人怎么可能觉不到呢？

他爱重的这个"别人"名叫孙韵君，又名孙多慈，是他的学生。

在他的画室，她看到了他为孙韵君画的画像，以及两人的合像《台城夜月》。彼时，正有友人参观画室，她悄悄将画交给学生带回家中，替他在友人面前保全了颜面。

然而纸包不住火，徐悲鸿终是没能克制住自己，跟孙韵君来了场师生恋，闹得满城风雨。

徐悲鸿带领学生去采风写生，他和孙韵君毫无顾忌、旁若无人地扮情侣，被学生偷拍。最刺激她的是，她发现他戴过一枚红豆戒指。戒指是孙韵君送的，里面还刻了"慈悲"两个字。"悲"当然是代表徐悲鸿，"慈"，不用想也知道是孙韵君的另一个名字——孙多慈了。

历史总是惊人的相似，此情此景，叫她还怎么去正视那枚刻有"碧薇"的戒指呢？

当初看到的时候是浪漫，在不同的女人身上，使用同一招浪漫，过来人看到的，就是滥情。

多情人的梗要过去耍过来，无非都是同样的招数，只不过对象不同，身在局中浑然不觉而已。

有了红玫瑰，白玫瑰就成了白月光，永远骚动在床前，红的就要被打入冷宫。

为了获取孙家信任，他单方面登报解除与蒋碧薇的关系：

徐悲鸿启事：鄙人与蒋碧薇女士久已脱离同居关系，彼在社会上一切事业概由其个人负责，特此声明。

多情之人往往也薄情。她自一个 18 岁不出闺门的少女，跟他一起流离失所，共患难，并生下一双儿女，他如今却连太太的名分都不肯承认，只当两人二十年来全是"同居"关系，令她实在忍无可忍。就连与蒋碧薇并不熟的傅斯年都看不过眼，写信称徐悲鸿登报之举"惊心动魄"，"岂止薄幸，直可为人道悲矣！"

可如此"薄幸"之事，他还做了不止一次，后来又一次单方面登报，内容如出一辙，只不过目标换成了廖静文。

到后来，徐悲鸿的女儿都对父亲此举颇有微词，在给父亲的信中愤然写道："爸爸，我要问您，为什么您每次追求一个女人，就要登报跟妈妈脱离一次关系？假如您还要追求十个女人，您岂不是还要登十次报吗？"

孙家父母的关没能通过，他回来找她。可她之前就曾表过态："假如有一天你跟别人断绝了，不论你什么时候回来，我都随时准备欢迎你。但是有一点我必须事先说明，万一别人死了，或是嫁人了，等你落空之后再想回家，那我可绝对不能接受。这是我的原则，是永远不会改变的。"

爱到深处被辜负，恨绝了，心自然会变硬。他多次想复合，都被她狠心拒绝。

在她眼里，他们两个人已经俨然成了一件破碎的瓷器，纵然有巧匠把它修补好了，裂痕还是会在的。她宁可玉碎，也不要表面的假完整。

后人曾有人替徐悲鸿鸣不值，说以徐悲鸿的为人，回来定会跟蒋碧薇好好度过后半生。我认为，这就是高估了徐悲鸿的家庭责任感，并且低估了蒋碧薇对他的了解了。

蒋碧薇是有心性的新女性，但她绝不是一味用心性去处理两人的婚姻问题。

徐悲鸿要娶戏子冬渡兰，被女方拒绝。徐悲鸿跟华林抱怨没有女人崇拜和钦慕他。蒋碧薇说：女性钦慕或崇拜画家，跟钦慕崇拜演员明星不同，因为后者是以他们的自身在表现，而画家需透过作品博得观者心理的共鸣，甚至可以说，观者爱好倾倒的只是画家的作品；在情感交流上，和画家本身无疑是脱了节的。

由此可见，她是一个通透而理智的人，看得透，道得明。自然，徐悲鸿的性子她也摸透了。

她说："徐悲鸿的心目中永远只有他自己，我和他结婚二十年，从来不曾在他那里得到丝毫安慰和任何照顾。"

这话不是针对那些不断神出鬼没的情敌的，而是她早已看透了徐悲鸿的本性。

　　所以，当他再次登报要求离婚的时候，她提出了条件。

　　他们终究是要陌路了。离婚手续办完，当晚她就跟朋友打了一夜的牌。这一场劫数，总算画上了句号。从一场海啸到心如止水，其间的反反复复，恐怕也只有蒋碧薇自己了然了。

　　后人对蒋碧薇贪慕虚荣的看法，多半受廖静文说的一番话影响："为了还清她（蒋碧薇）索要的画债，悲鸿当时日夜作画，他习惯站着作画，不久就高血压与肾炎并发，病危住院了，我睡在地板上，照顾了他四个月才出院。"

　　他们都说她太狠。可往往，一个女子的狠心，多有逼不得已的苦衷。一个没有事业和家庭可以依傍的女子，抛下大好前程，换来的是二十年的冷漠和薄情。你对我没有感情可谈了，我们为什么不能坐下来谈谈钱呢？毕竟，欠下的债，总是要还的。

4 ///

　　廖静文不知道的是，蒋碧薇在得知徐悲鸿去世时，还是动容了。曾给他们当过保姆的刘同弟后来说："徐先生走的时候，我在台湾，听蒋碧薇讲的。说句良心话，虽然他们夫妻是离开了，毕竟一日夫妻百日恩嘛。当然她不讲，我看她那个表情，也看得出来，她说徐先生走了，念念不忘的样子。"

　　蒋碧薇是爱徐悲鸿的，她跟那些纯粹为了钱而结婚离婚的女子，是有本质区别的。比如"20世纪最成功的高级妓女"莎莎嘉宝。

莎莎嘉宝活跃在好莱坞黄金年代，作为演员，几乎没有拿得出手的作品，却凭借惊人的美貌收获了九任丈夫，而且个个都是豪门。

其母离婚三次，靠与富豪老公们离婚而发家致富，所以她所培养出来的女儿也是青出于蓝胜于蓝：大女儿六次婚姻，三女儿五次，二女儿莎莎嘉宝结婚九次。嫁给有钱男人让自己变得有钱，是这家母女四人的终极目标。

莎莎嘉宝最著名的一次婚姻，是与希尔顿酒店创始人康拉德·希尔顿（即帕丽斯·希尔顿的曾祖父）。

每一次离婚，都令她身价暴涨。正如她最著名的言论："我是一个杰出的'管家'。每次离开一个男人，我都会保管他的房子。"

可是，她连身边人的名字都不记得，统称所有人为"亲爱的"。这样一个女人的婚姻，有多少感情的成分，可想而知。只是有钱人的世界更直接，各取所需罢了。

当然，如果你既爱过，也有底气反过来，像张爱玲一样给男方分手费，那也未尝不可。只是，张爱玲并不欠胡兰成的，更多的是，她爱得太卑微，卑微到明明看透了一切，还是希望他能过得好。

这样的爱情，你想要吗？

宠爱自己

不知从什么时候起，"净身出户"成了一个证明女子品性高洁的字眼。世间从来不缺像蒋碧薇这样心性高傲的女子，然而很多女子在一段感情谈完之后，羞于提钱，仿佛一提钱，自己的尊严就会扫地；仿佛只要一提钱，自己就虚荣了，贪婪了，无情了，物质了。

"他要给我分手费，是不是想侮辱我？"

"拿了钱的话，被他看轻，岂不是彻底没有挽回的余地了？"

"一套房子就把我给打发了，就这样打发我了，他也狠得下心？"

实际上，在一个已然变心的男子眼中，只有令他容光焕发的新欢，没有你的任何位置，更加注意不到你脆弱的尊严。

如果一个男子肯主动提出赔偿，至少说明他内心有愧，是想补偿你的，更想以此打消你复合的念头。毕竟，没有人会无缘无故给别人钱。

失恋和失婚的女人需要面对的一个事实是：感情已经逝去了，再纠结没有任何益处。

"钱"这个再俗不过的字眼，跟分手和离婚比起来，也许并不能给你带来快乐，可它会令你踏实，会令你有更多底气和时间重新开始，让你站在一个更高的起点，去畅想幸福和快乐的生活。

有了钱，你可以选择爱，也可以选择不爱；可以选择真心的穷小子来爱，也可以不用担心自己高攀了豪门。有了钱，你就可以选择，而不是被选择。

都说谈钱伤感情，可事实是，你们已经没有了感情，能伤到的还能是自尊吗？

女人的尊严，不是来自净身出户的清高，而是来自经济上的殷实和独立，而这一点，只有钱可以给你。

正如凯瑟琳·赫本所说：女人啊，如果你可以在金钱和性感之间做出选择，那就选金钱吧。当你年老时，金钱将令你性感。

结痂的伤口，是你最强韧的地方

1 ///

年幼的时候从树上坠下来，腿摔伤了，留下一块疤。下次再要爬树，母亲会不断提醒我：经一事要长一智，结了疤的地方要格外注意，不能再在同一个地方伤到了。

我连连"嗯嗯"点头，一转头，暗自龇牙坏笑，趁母亲不注意，又嗖嗖嗖，抱着树干往上蹭。

我家是人丁旺户，十多个堂亲兄弟姐妹，数我最"不长记性"，头撞了南墙，还要拼命抱着头往墙上撞。

人人都说我死脑筋。只有我知道，摔过我的树，我必须征服，才不致再度摔伤；撞过我的墙，我必须翻过，才能最终保护好头部。

一做就错，不做不错，是很多人明哲保身的求存之道。对我，结痂的伤口，才是最强韧的地方。

2 ///

2005 年，刚刚红起来的林志玲接到一个广告片。

广告需要演员骑在马上飞奔。导演说，镜头虽然远，但骑马飞奔的镜头很容易看出来是替身，问林志玲要不要自己亲自试一试。

林志玲想都没想，说："嗯，我试试。"

谁承想，就这么一试，她就从马背上重重地摔了下来。

她上了马。马没有朝既定的路线走，飞奔到一片森林里，越跑越快。她估摸着就要撞树了，立即从马背上跳下来。在跳下的那一瞬间，马蹄朝她的身体狠狠地踢了一脚。

她一片空白，晕了过去。

等到可以睁开眼的时候，她才发现，六根肋骨有七处断裂性骨折。

痛，是锥心刺骨的，连呼吸都伴随着剧烈的疼痛。可上天似乎还对她留有几分偏爱。如果马蹄往上偏那么一公分，她可能当场就毙命了。

在综艺节目《精彩中国说》里，她回忆了自己在医院与痛并存的日子。

肋骨断裂有多疼？网传女人分娩生孩子，相当于断裂 20 根肋骨。

按照这种说法，经历过断骨之痛的林志玲，将来肯定不用担心分娩之痛。

她没有过度关注身体的痛楚，只是问医生："这会好吗？"

医生说会。于是，她没喊过一声痛，而是将全部的精力，都用来修复身体。

"我常常会觉得我痛到快要没有知觉的时候，我就告诉自己，我要和这个痛共存，我要和它共存，也许睡了一觉明天就会好一些。"

这场痛，她花了半年的时间才慢慢修复。半年后，她的身体恢复了健康，内心也变得更加坚强。

她开始珍惜每一个机会，温柔看待每一件事情。哪怕面对众多的质疑和"花瓶"一说，她也能温柔地，以女人如水的姿态，用时间予以还击。

"哪有这么多的时间来患得患失，如果当时只差一公分，可能一切都成为零。"

对于这次意外，她更多的是当作老天对她的一种考验。考验她够不够坚强，有没有宽阔的胸襟，去面对未来可能发生的一切。

很多人在这次演讲之后，重新认识了这个"嗲声嗲气"的志玲姐姐，对她路转粉。

经历过锥心刺骨的痛，没有怨怼，没有丧失对生活的信念，还能以柔软的力量，去拥抱人间叵测的恶意。

她说，因为那场痛，老天爷赋予了她一个柔软又坚强的心脏。

3 ///

我曾经也想过一了百了

忽然看见你那明媚的微笑

原来总想着结束没能把命运看透

只是因为没找到坚持的理由

我曾经也想过一了百了

在没能和你相遇的时候

能有你这样的人存在于这个世界

悄悄唤醒我沉睡心底的喜悦

能有你这样的人存在于我的心尖

让我开始有些期待这个世界

汤唯在《北京遇上西雅图之不二情书》里演绎这首《曾经我也想过一了百了》之前，中岛美嘉演唱的日语原版歌曲已经唱哭了万千歌迷。

这是一首具有治愈力量的歌曲。

百度贴吧上有一个"抑郁症吧"。吧友极力推荐这首歌，鼓励大家乐观向前，并称歌曲原唱中岛美嘉为灵魂的歌者。

中岛美嘉在拿到这首歌的 Demo 后，曾表示，感觉自己演唱时，一定会感动得边唱边哭。她说："这首歌，请一定要听到最后，不然大家不会了解整首歌想要表达的。"

而我说，听这首歌，请一定要了解中岛美嘉，不然，你听不懂她的感同身受。

中岛美嘉 1983 年出生于日本鹿儿岛，2001 年主演日剧《新宿伤痕恋歌》，并演唱其主题曲《Stars》。一出道，该单曲就在公信榜上挤进前三名。

中国歌迷熟知、由韩雪演唱的《飘雪》，就翻唱于她的代表作《雪花》。

2005 年，她在经过漫画改编的电影《NANA》里，成功演绎了摇滚女孩 NANA，凭此角获得日本电影金像奖优秀女主演与最佳新人奖。

就在事业如日中天的时候，因患上咽鼓管开放症，她不得不叫停所有音乐活动。

正常人的耳咽管是关闭的，只有在打哈欠、擤鼻涕、吞口水时才会略微打开一下。而咽鼓管开放症患者的耳咽管是开放的，听别人说话不清，听自己说话过响，就像飞机落地时人耳的反应。

她渐渐听不清自己的声音。"因为听不到自己的声音，我胡乱使用嗓子，渐渐地，我发现自己发不出声音来了"。

听不见，唱不出，对一位歌手而言，无异于毁灭性的打击。

她抗争了整整两年，最终不得不放弃事业，专心休养。

2010 年，在大阪演唱会上，她诚挚地向歌迷致歉："由于自己的管理不足，给大家带来了麻烦，非常抱歉。我正在专心接受治疗，为了早一点在大家面前唱歌，我一直在努力。"说完痛哭不止。

整整五分钟，台下的人只听得到她的哭声。

随后，她去往纽约寻求治疗，一去就是半年。

在纪录片《Another Sky》中，她谈及身在纽约的日子时说：

"从日本来到了纽约这座城市，其实是因为会被别人责备，说自己作为歌手'不努力'唱歌。因为不能好好唱歌，所以自己的病情从未对谁提起过。抱着想要努力唱歌的希望而来，但结果是……'非常遗憾'。

"我不断接受着治疗，但现实给我的答复是……'无法治愈'。唯一的努力也被如此无情斩断。

"因为无法治愈，一度失声无法再唱歌，所以也曾有过放弃当歌手的想法。当时大家都对我说：'要不然先休息一段时间吧？'所以来到了纽约。

"虽然现在是笑着说这段经历，但是当时的生活真的非常迷茫。看不到未来，每天都在哭……

"可从那时开始就有想要接受声音训练的想法。

"'不管怎么样耳朵都没有办法了。'在知道连老师也都没有办法的时候，真的是非常难过。但我还是选择坚持训练。

"后来发现，这一路走来，这条路没有选错。从前对自己唱歌就没什么信心，但是转念一想，我还可以给大家带来自信。与其责备自己不能唱得很完美，不如尽力表达自己所想的。"

经过一番治疗与休整，她携着新的单曲《Dear》复出了。

《Dear》是她为电影《第八天的蝉》量身打造的主题曲。影片试映会那天，她首度登台献唱，惹得电影女主角井上真央泪流满面，感动不已。

然而，她的复出之路并不顺利。

为杂志拍摄封面照，被嘲"老了十岁"。现场演唱《花束》，被炮轰"车祸现场"。有记者也评述："她现在的嗓子和全盛期的歌声相差实在太远了，是不是病还没有彻底治好。""连音阶都差很远，简直是恐怖。和主持人塔莫利聊天的时候，嘴巴附近很不自然。"

生老病死，祸兮旦福。病痛虽被列为人生在世不可避免的苦难，却实在是再个人不过的事情。周遭再多关切的目光，都无人能替你承担病痛对身体的消耗和折磨，更何况，总有一些人不怀好意地冷眼旁观。

然而，上天也是公平的。对于一个不认命、从不放弃自己的人，能面对多少冷眼，就能迎来多少热泪盈眶。

在几欲崩溃的日子里，是歌迷的无条件支持，令中岛美嘉跌跌撞撞地坚持到今日。

"看似若无其事的生活之中潜藏着忧愁与悲哀，但即便如此，这个世界依然值得期待，那是因为想与所爱之人同行。"

2013 年 8 月，中岛美嘉推出了新曲《曾经我也想过一了百了》。歌曲的介绍就是上面这句话。

此曲一经发售，就引发了无数人的共鸣。它的歌词温柔而又强韧，孤独而又热烈，善意地讲述人生中的苦难，举重若轻地描述人心里的阴暗，直击人们内心深处最柔软的地方，令人在情不自禁中痛哭流涕，温暖治愈。

2015 年演唱会上，中岛美嘉在演唱这首歌之前，说了下面这段话：

"说实话，其实我最初收到这首歌时非常惊讶，但听到最后我泪流不止。感觉自己坚硬的心，一下就柔和了起来，这是一首代表了我的心声的歌曲。在座的各位，一定也有过低迷苦闷的时候，也曾想过'为何世事不尽如意'，'为何没有人来帮我'。请放心，我会唱出你的心声。"

说到动情处，几欲失声。

她的声音依然不太稳定，甚至因为情绪太过饱满，演唱时几近破音。可是，再没人批评她，挑剔她了。

有人说，《曾经我也想过一了百了》是一首有力量的歌。可再有力量，没有历经过无边暗夜、万念俱灰的人，怎么可能唱出绝望中撕裂开的一线曙光，吟出向死而生的希望？

从技术的角度，中岛美嘉对于这首歌的演绎并不完美，甚至有明显的走音。然而，能将此歌想要表达的情感传达得淋漓尽致的歌者，也只有中岛美嘉了。

没有对比就没有伤害。心存质疑的人，大可以找来汤唯以及原词作者秋田弘的翻唱来听听。

声音可以模仿，情绪可以演绎，可一个人经历过的苦痛与磨难，是无法复制的。这，才是《曾经我也想过一了百了》这首歌的灵魂所在。

迄今为止，中岛美嘉出道十六年了。经历了凤凰涅槃般的苦痛，她依然在勇敢地唱着。

没有人再去计较她的嗓音稳不稳定，音阶差多远。一个用灵魂去演唱的歌者，再冷血的人都会心起涟漪吧。

4 ///

2017 年第 36 届香港金像奖颁奖现场，最佳女主角的获奖人，不是刚刚拿下金马影后、呼声最高的周冬雨，而是现年 57 岁的惠英红。

第三次拿下金像奖影后，她上台时竟摔倒在台阶上。发表获奖感言时，也直言自己紧张到手抽筋。

说起惠英红，绝对是金像奖颁奖史上举足轻重的人物。

她是第一届金像奖最佳女主角得主。那是 1982 年，她才 22 岁。

50 岁这年，凭借电影《心魔》中的精彩演出，她再度被封后。这时，距离上次获得金像奖，整整过去了 28 年。

发表获奖感言时，她哭得不成人形："我很想拿这个奖。拿了第一次之后，我风光了十几年，然后不知道为什么会跌到谷底，不知道为什么没有人找我，不知道为什么逼自己进入死巷。我把自己藏了很久，不知道怎么办好。我连放弃自己的生命都试过，因为真的不知道自己将来怎么样。但我现在很有信心，我知道我是属于电影的，哪怕是一天、两天，只要是好角色，我都会尽量做好。"

惠英红生于 1960 年，本出身大户人家，因为父亲染上赌博习性，家庭环境急转直下，陷入困顿。一家十口人，在穷困与饥饿中风雨飘摇。

为了糊口，她乞讨过，卖过口香糖，在夜总会跳过舞。之后凭着一身韧劲，被午马发掘入了行。

那时流行武打片。她不是武行出身，没有功底，拍打戏没有任何保护措施，都是实打实被人拳打脚踢。那时候的武打演员，多半来自武行，功底深厚，每一拳落在身上，都是拳拳见肉。

接受《南方人物周刊》专访，回忆起当年拍打戏时的情形，依然仿佛历历在目。"有一个镜头是被人打了四十多拳，但只是给了这样一个剧本过来，摆在这里，被一个男演员冲过来打，打几拳，我冲出去吐，吐完走回来再被打。"

这一打，就是七年。等到拿下第一届金像奖，她终于熬成了邵氏的当家武打明星。

可她不想被"打女"形象定型，想拍艺术片，公司却不给她机会。

后来，新浪潮导演一个接一个地出来，文艺片拍一部火一部。而她，则因为既定的打女形象，渐渐被人遗忘。

20世纪90年代是香港电影的鼎盛时期，却成了惠英红人生中最惨淡的日子。

由于心理落差太大，她患上了抑郁症。病情发作时，她谁也不见，将自己整个封闭。

因为压力患上抑郁症的人，在娱乐圈并不少见。抑郁症病患有多痛苦，非常人可以体会。

张国荣写下遗书"我一生没做坏事，为何这样"之后，选择跳楼结束苦楚。

崔永元走出阴影后，接受《人物》栏目专访时说，重度抑郁症时，每天都在想着自杀。

惠英红也一度吞安眠药自杀，幸得家人及时发现。不然，失去这样一个好演员，不仅是演艺圈的损失，更是观众的损失。

见过鬼的人，有的从此怕黑，有的奋发图强开始捉鬼。

鬼门关里走过一遭后，她开始反思，将过去的成就化整为零，打算完全从头开始。

到香港中文大学学习表演，连风水课都不放过。拿到情绪治疗师执照，便开起诊所，做了九个月的情绪治疗师。

她不再求快，一步一抬头，慢慢振作，在香港无线的电视剧集里接演一些不痛不痒的小角色。

就连让她第二次封顶的电影《心魔》，在筹拍之初，也是小成本制作。投资少，搭戏演员籍籍无名，拍戏导演名不见经传。

二度登台领奖之前，为了防止心脏跳动太厉害，她还吃了镇静剂。只因为她患有先天性心脏病。

5 ///

皮肤受过创伤的人都知道，结了痂的伤口，有硬的地方，也会有软的地方。

人的心，也有需要硬的时候和需要软的时候。

坚硬的心，给你对抗痛苦和磨难的勇气，能够在人生低谷，狠狠支撑起你的脊梁，将你慢慢托起。

柔软的心，给你拥抱痛苦和磨难的力量，将那些拉你下坠的，化成云淡风轻，让你以更加优美的姿态，迎接新的黎明。

它们是长在你身体的部分，和你相依相生。

你若痛了，心便硬起来，托举你。你若累了，心便柔下来，抚慰你。

它们有个共同的名字，叫"强韧"，长在你结了痂的伤口处。

曹雪芹说，女儿是水做的骨肉。

因为水至柔。

"柔软""温柔""柔和"，大凡带有"柔"字的词语，用在女子身上，便成了对一个女子最高的礼赞——所谓女子，因为"柔"，才得"女人味"。

然而现在的时代，对女子的要求，已经远远超过了"柔"所能承载的范围。

或许，你我比较幸运，不需要经历林志玲、中岛美嘉以及惠英红所受的身心之痛，然而普通人也有普通人的忧伤。

拼颜值，拼身材，拼衣品，拼情商，拼老公，拼二胎，拼事业……凡女人所到之处，没有什么是不可以拿出来拼的。

一场用生命去演绎的"拼搏"，光靠柔，不足令另一个女子立于不败之地，唯有柔中带刚的"韧"，才可以许你一个未来。

哪天，如果开始流行拼"强韧"了，我相信，这世上会涌现出更多美好的女子。

第三章

我的人生，

只交给我自己

事业才是你的底气，工作不是

1 ///

一个女人，生完孩子之后的日子该怎么过？

我身边有很多人，一旦将孩子送入幼儿园，就急匆匆赶赴职场。而她们在职场从事的都是什么样的工作呢？

小区里一位妈妈，还没等孩子满三岁，就将孩子送入幼儿园托管，应聘到一所小学当了一名语文老师。

我问："你喜欢这份工作吗？"

她摇摇头。

"那为什么要选择这份工作呢？"

"有寒暑假，方便照顾孩子啊。"

我一朋友学的是财务，当年信誓旦旦要考注册会计师。孩子上幼儿园后，她应聘到一家百货公司，做起了收银员，图的是上一天班休一天的作息制度，方便接送孩子。

这样的例子不胜枚举。

生活在这个标榜自我的时代，越来越多女人已经深刻意识到自我价值的重要性。女人一定要有自己的经济来源，一定要上班有工作。这样的观念，几乎已经形成了共识。

可孩子依然离不开母亲的照顾，为了两头兼顾，只好找些清闲和作息时间相对比较宽松的工作来做。

于是，太多的妈妈涌入看似清闲、安稳又自由的工作岗位，当老师，做收银员、售货员，从事保险业务，做直销，做微商。

喜不喜欢无所谓，有没有前途也没关系，只要有份收入就好。

你若问她们喜不喜欢自己的工作，八成的人回答：不过一份工作，能糊口就行了，还谈什么喜欢不喜欢。

她们只是把工作当作一个赚取零花钱的途径。只要不需向老公伸手要钱，花自己挣来的就是底气十足。

进而，她们也自然不会想起自己曾有的梦想，不会去充实自己的专业技能，做好职业规划，努力为自己营造一片事业天堂。

有人会说：工作不就是事业？

我说不是。虽然两者都可以为我们带来收入，可工作是为别人打工，而事业则是为自己做事。做自己喜欢的事，做自己享受的事，做能给自己带来成就感的事。

2 ///

只有工作的女人，一旦失业就必须回到起点，从零开始。而拥有事业的女人，无论到何种境地，都可以延续事业，东山再起。

"绝望的主妇"苏珊·梅尔，在电视剧《绝望的主妇》开播第一年，就被评为最受观众喜爱的主妇。其扮演者泰瑞·海切尔，凭借苏珊一角，拿下了艾美奖、金球奖、美国演员工会奖、青少年选择奖等，几乎所有的电视剧奖项。

谁都不曾想到，一个 40 岁的中年主妇会在荧幕上刮起一阵旋风。

其实，在此之前，泰瑞·海切尔已经有过具有代表性的佳作：美国电视剧《超人》里，她是超人干练风趣的记者女友。电影《明日帝国》里，她是身穿黑色蕾丝，性感到冒烟的邦女郎。

只不过，这些在她和第二任丈夫结婚并诞下女儿后，很快成为过眼云烟。她也迅速从一个当红明星，沦落成一名过气演员。

事业停滞不前，婚姻也没能给她带来保障。

丈夫长期在家庭里的缺席，令她最终下定决心离婚。

然而离婚不但不能解决她婚姻的不幸，更为她带来诸多需要面临的现实问题：有一个女儿要抚养；根据法律规定，她需将自己收入的一半分给前夫；而她本人，很久没有工作。

在泰瑞自传《烤焦的面包》中，她毫不讳言，当初决定回家做全职妈妈，曾引起一场轩然大波。好莱坞的人认为她犯下大错，选择息影一定会耽误她的事业。"他们或者认为我完了——我出局了，或者认为我至多离开一年，很快就会回来。"

然而，她一别，就是六年。

演艺圈吃的都是青春饭，以她38岁的"高龄"，想要复出，希望简直称得上渺茫。

很小的时候，她就痴迷于演戏，一心想成为一名优秀的演员。可父亲告诉她，只有上电子工程专业，他才会替她付学费。

在父母看来，做艺人不能保证任何东西，只有工作才能给人以安全感。泰瑞可以选择做工程师，当技术员，无论什么，凭一身技术能混口饭吃即可。

但她却用实际行动宣告了她对事业的执着追求。

虽然也曾红过，受欢迎过，事业的停滞依然给她的复出带来不小的障碍。

在为《绝望的主妇》试镜之前，她刚刚经历了一场情景剧试镜的失败。为此，她整整哭了18个小时，"脸肿胀通红"，"眼睛像一对烂桃"，就像被毁了容。

失败是所有人无法避免的。一个人只要有追求，只要肯努力，必定会在成功来临之前，接受失败的洗礼，才能明白成功来之不易。失败，至少说明你曾有过机会，是不是？

只要有机会，就会有希望。抓住希望，成功就不远了。

那天，她没有化妆，穿着最普通的 T 恤和牛仔裤，不是干练知性的超人女友，更不是性感到充满诱惑力的邦女郎，只是一个母亲，深爱着自己的孩子，有过不幸福的婚姻经历，被生活折磨得支离破碎。

可这就是苏珊·梅尔的样子。

她成功了，不仅成功拿下苏珊·梅尔这一角色，还凭借这个角色打了一场漂亮的翻身仗，成功复出，并一跃成为当红一线明星。

泰瑞说得对，生活中没有什么是可以保证的，你永远不知道什么时候会发生什么。只有事业才是生活的支柱。

现在的泰瑞·海切尔，有时会带上女儿，穿上性感的比基尼，躺在沙滩边的躺椅上享受男士的口哨。有时，她穿上优雅端庄的晚礼服，跟新认识的男子到高级餐厅约会。

她依然是一个单亲母亲，没有婚姻的保障，没有爱人的扶持，可事业，依然赋予了她爱情给不了的光彩。

因为事业，她不再是那位可以整整痛哭 18 小时的失婚女子。因为事业，是她生活最大的底气。

3 ///

只有工作的女人，工作时浑水摸鱼，工作外寂寞无聊，容易闲话八卦。做事业的女人，会将时间用于提升自己的专业技能，专注做自己该做的事，用实力说话。

1958 年的电影《朱门巧妇》，是将伊丽莎白·泰勒一举推上巨星殿堂的佳作。

这部电影后来获得了包括最佳男女主角在内的七项奥斯卡提名，成为电影史上一部不可多得的经典作品。其中保罗·纽曼和伊丽莎白·泰勒饰演的夫妻，一度成为银幕经典 CP。

然而，根据《美丽不哀愁：伊丽莎白·泰勒的传奇一生》（欧阳雪、茜茜、何小东编著）中记载，保罗·纽曼和伊丽莎白·泰勒在合作《朱门巧妇》的最初，并不是很和谐的一对。

泰勒 16 岁时，被作家塞林格看到照片，就惊叹："她是我见到的最美丽的女人。"从此，泰勒便顶着"世界上最美丽的女人"这一头衔，美了一辈子。

出演此片时，泰勒 26 岁，年轻貌美，颜值处于巅峰期，事业如日中天，受万众瞩目。

她有一双标志性的紫色眸子，深邃而神秘，包含着炽热的激情，十分贴合影片中女主热烈和真实的性格形象。

然而，与她搭戏的保罗·纽曼却讨厌她那副猫一样慵懒的气质。保罗后来也晋升奥斯卡影帝行列，成为一代巨星。但这时的他，还只是个新人，片酬只有泰勒的五分之一。

不好的第一印象让他认为，泰勒根本不值那么多钱，"只是会嫁人罢了"。

事实确实如此，泰勒当时已经有了三段婚姻历史，而且每次嫁的人非富即贵，后面还有一堆大富大贵之流排着队等着迎娶她。

然而他并不了解泰勒，这之前只是道听途说了有关她的感情和婚姻，以及媒体大肆渲染出的人设。

一经开机，他便发现，镜头前的泰勒立马像变了一个人一样，认真起来。

她自信而且投入，将全部激情都倾注到对角色的理解和演绎上。整个人在镜头前散发出无尽光彩。

他彻底被折服了，与她演起对手戏的时候，更加投入。"两个人的演技与气场对撞产生了强大的张力。"

该片拍摄期间，泰勒的第三任丈夫飞机失事，意外身亡。泰勒悲痛欲绝。因无法走出哀痛，她深陷抑郁症的困扰，常常发呆，呆着呆着就流下眼泪。

饶是在这样的状况下，她还是坚持拍完自己的戏份，并用专业的态度，奉献出了具有爆发性的演技，令保罗深深佩服。

多年以后，保罗在一部记录泰勒辉煌成就的纪录片里，说出自己对泰勒的真实看法："她坚忍不拔。她的演技具有治愈的力量。我为她的敬业精神所深深折服。"

人们都说泰勒是美的化身。可作为好莱坞巨星时代最后一位传奇，光美是无法令人信服的。她不是大银幕上的一个符号，而是将演绎当成自己的终身事业去经营，一次又一次努力去超越自己的极限。

看过她的电影作品的人会发现，每次观看她对角色的演绎，你都会发掘出新的东西。那是她对自己事业的执着与激情。

4 ///

只有工作的女人，工作仅仅是一种谋生手段。而做事业的女人，可以将事业转化成生活利器，对抗人生中各种各样的恶意。

伊丽莎白·泰勒说，成功是一种了不起的除臭剂。它能带走你过去所有的味道。

人都是健忘的，尤其在面对一个被成功的光环照耀的人的时候。

1998 年，电影《泰坦尼克号》公映，杰克与露丝的爱情故事，在全球引发了一阵狂潮。

这部影片，留下了太多的经典，整整影响了一代人的爱情观：

爱情成为整整一代人的信仰。

"You jump I jump" 成为最浪漫的表白语。

海洋之心吊坠成为爱情最坚贞的见证。

席琳·迪翁演唱的《我心永恒》成为最经典的情歌。

……

伴随着众多经典诞生的，还有一代实力偶像莱昂纳多·迪卡普里奥。

那是莱昂纳多青春年少的日子。无可挑剔的容颜在青春的加持下，格外光芒四射，令人为之沉醉，欲罢不能。

扮演露丝的凯特·温斯莱特也是美的。李安评价她有"原始的天赋和激情洋溢的气质","身上充满了中产阶级和现代摩登的感觉"。

她也因此片一炮而红了,然而树大招风。伴随着走红,她迎来更多的,是对她个人的负面评价。

凯特热爱自己的身体,从没打算要靠任何痛苦的方式去减肥。

虽然五官美得无可挑剔,但因为体重一直保持在 120 磅以上,她长年累月被人讥笑肥胖,还被给予了一个不怀好意的绰号"肥温"。

其中最刻薄的要数下面这个快问快答:

问:泰坦尼克号为什么沉没?

答:因为扮演露丝的演员太胖,把船给压沉了。

明智的是,她从没想过要当一个风光一时的明星,而是将演员当成自己的事业去发展和追求,踏踏实实磨炼演技,拒绝明星世界的浮华和喧嚣。

从影 20 多年,她一直执着地热爱着自己的演员事业。她的前夫导演门德斯说:"在现实生活中,她喜欢把事情弄得很简单;一旦进入角色,仿佛有谜团召唤她探索、深入,即使她不知道如何走出来。"

当她第六次入围奥斯卡奖和艾美奖,并最终以《生死朗读》获得奥斯卡最佳女主角的时候,所有的负面评价和恶意都停止了。取而代之的,是盛赞不已。

《纽约杂志》称赞她是"她的世代中最杰出的英语电影演员"。

英国女王伊丽莎白二世授予她"二等勋位爵士"的封号。

她依然没有刻意减肥，可再没人拿她身材做文章了。不仅如此，她还创新了好莱坞的审美标准，用实力证明了自己爱惜身体的底气。

5 ///

只有工作的女人，贪图安稳，渐渐会被日复一日的重复作业消磨意志，丧失对生活的激情。而做事业的女人，放眼长远，不计当前得失，眼里有规划，心中有格局。

凯特·布兰切特凭借《蓝色茉莉》获得奥斯卡最佳女主角之前，曾两度提名同奖项，均以败北而告终。但她在演艺界的地位是无人可以撼动的。

她是好莱坞女演员之中的佼佼者，肌肤胜雪，气质高冷，将优雅端庄的古典气质、超凡脱俗的仙气和气场强大的女王特质，完美地集于一身。

不仅如此，她还是好莱坞最优秀的演员之一，演技公认的精湛。但凡她参演的影片，都可以获得口碑与票房的双丰收。

以她今时今日的价值和地位，早已加入"片酬千万俱乐部"。

而《蓝色茉莉》导演伍迪·艾伦是出了名的吝啬。

他只付给演员组一个薪酬总数，无论请到多大咖位的大明星来演戏，是决计不加钱的。

凯特·布兰切特一口气读完剧本后，毫不犹豫地给导演打电话：

"当然，我肯定要来的。"

于是，她和他约在旧金山见面，成就了一个有血有肉的"伪名媛"形象。

凯特·布兰切特的表演被视为整部影片的最大看点。媒体评论，"凯特·布兰切特以其塑造的有趣、惊恐和心碎的堕落妇女形象贡献了她职业生涯的最佳表演"。

而这一切，得益于凯特·布兰切特自己的眼光和对事业的格局——暂时的"自家身价"，不是自我贬值，而是为了获得更大的个人成长和上升空间。

这样的选择，短期内看似不值。放眼长远，实则"物超所值"。

6 ///

工作永远无法等同于事业。

一个女人，可以因为工作而快乐，却因为事业而获得幸福。

人生最是无常。生活会告诉你，婚姻从来不是幸福的保障，工作也撑不起一个人全部的人生。只有对事业孜孜不倦地追求，才是女人安全感的来源。

相较于工作而言，事业不仅能让你经济独立，还能最大限度地实现一个人的自我价值，让你拥有生活中的主动选择权，使你过上自己想要的生活，成为自己想成为的人。

它是生活的最终出口，是生命变化无常的最佳解决方式。拥有它，你便拥有了人生。

事业说到底，是做自己喜欢的事，做自己想做的事。

只有热爱，才能保证自己可以坚定不移地走下去。

所以，你得找出自己的热爱，就像寻找爱人一样，白驹过隙，一眼万年。

也许等待很漫长，也许过程会曲折，可只要你找下去，一旦找到，你就会有遇到人生真爱的美妙感觉。你会知道的。

有人说，我可以把婚姻当事业，用心去经营。我也可以把全职妈妈当事业，努力去培养一个未来精英。

可它们的问题是，一旦你孤注一掷，你就没有退路了。

你会离不起婚，离开孩子什么都不是，你会输不起。

只有事业才能给你一片自由的天空，进可攻，退可守。

不管谁丢了你，你都不能丢下你自己

1 ///

冷不丁收到短信，内容大意是我被小爱设置成了这趟台湾行的紧急联系人。

颇感荣幸的同时，对她的这次出行还是充满了担忧。一个电话拨过去，号码已经不在服务区。

一个人的出门旅行，听到的时候，我还以为她只是说说而已。如今兵荒马乱，人心复杂，一个单身姑娘家，头一回出远门，在我们这些旁观者看来，就像要穿越魔法黑森林一样，沿路遍布不可知的暗黑魔法。不知哪天被哪个树洞吸进去，就有可能永远都回不来了。

我说等我忙完这段时间，陪你一起去。哪知，她还是说走就走了。

手捧着网友做的详细攻略，从桃园机场搭乘大巴到台北转运站，再乘地铁到六张犁，步行几分钟就到了早已预订好的民宿。

其实民宿有机场接机服务，她也从来不是节省小气的人，却坚持要自己按图索骥，体验一个人丛林冒险的快感。

看她沿途发送的朋友圈，一张接一张路牌在照片里出现，唯独不见伊人。发图也不配一个文字。

沉重得不愿多说一句话，是我所能揣测到的小爱当时的心情，一夜捏了一把汗。

第二天打开朋友圈，小爱已安然住下。她发了张民宿的窗景图：101 大楼模糊的轮廓矗立在窗外，雨水打在窗玻璃上，晶莹欲滴。

那是一个潮湿的早晨，她终于为那张图配了行湿答答的字：千里迢迢到台北来看雨。

台北下雨了。我想小爱的心也该下雨了吧。

小爱跟男友谈了五年，双方都见了家长，婚礼已经提上了日程。

在商谈彩礼的环节，未来婆婆以小爱家"狮子大张口"为由，劝她儿子跟小爱分手。

令小爱没想到的是，男友居然照办了。她跟他五年感情，抵不上未来婆婆一句话，这样的"奇迹"，也是活得太久了才见得着这一回的吧。

"怎么可以这样？他怎么能这样对我？说分就分。当初说好的要给我一个家，说好了要一辈子在一起走下去的呢？"

隔着越洋电波，我都能感觉到小爱的痛彻心扉。

我问小爱："台北还在下雨吗？"

小爱说："你说什么？"

我问："台北还像孟庭苇歌里唱的那样，常下雨吗？"

小爱顿了顿，说："雨还在下。"

我说："你知道吗？当年听到《冬季到台北来看雨》那首歌，我就以为台北是个雨都，一天到晚淅淅沥沥的雨下个不停。那该是个多潮湿的地方呀！"

小爱凄凄地说："我是不是来错地方了？一来就碰上下雨。天雾蒙蒙的，又人生地不熟，我怀疑自己一出门就会走丢啊。"

我说："小爱，走丢了还可以沿原路再走回来的。可不管谁丢了你，你都不能丢下你自己啊！"

2 ///

我对台北最初湿答答的印象，来自孟庭苇的歌《冬季到台北来看雨》。歌中唱道：

冬季到台北来看雨

别在异乡哭泣

冬季到台北来看雨

也许会遇见你

街道冷清心事却拥挤

每一个角落都有回忆

如果相逢也不必逃避

我终将擦肩而去

天还是天喔雨还是雨

这城市我不再熟悉

我还是我喔你还是你

只是多了一个冬季

那之后，这位台湾歌手还唱了《无声的雨》《走在雨中》《红雨》《风中有朵雨做的云》……

几首淅淅沥沥的歌，让人完全不顾台北的繁华和喧嚣，情不自禁将它与离别的忧伤联系到一起。

《冬季到台北来看雨》这张专辑发行时，文案上提到孟庭苇有一把红色大伞。

她说："那是一把连伞柄都是鲜红色的大伞，它曾是雨季里最醒目的焦点。可惜的是，雨停了，可以一起看雨的朋友，如今不知在何处，多不忍心见它一身艳红孤零零地倚在墙角。"

从此，台北和雨天，和伞下消失的恋人，和伊人的眼泪汇流成河。

也许，失恋的小爱，本就不该去台北。

也许，冥冥中注定，小爱去台北的时候，台北就下起了雨。就像她和孟庭苇曾有过一个约定，只有在孤身一人的时候，才能在台北看到雨。

毕竟，能唱出这样的歌的女子，情路又能好过谁？

她是整整一代人的回忆。

那是一个玉女的时代。大陆有杨钰莹，香港有周慧敏，而台湾则由孟庭苇掌门。

20世纪90年代，一首首广为传唱的情歌：《你看你看月亮的脸》《你究竟有几个好妹妹》《羞答答的玫瑰静悄悄地开》《风中有朵雨做的云》……深情婉转，温柔中透出淡淡的忧伤。这样的歌，只有她——孟庭苇可以吟唱。

她19岁出道，20刚出头就红透台湾和大江南北。

被称作玉女的人，颜值无疑都是经得起考验的。杨钰莹40多岁重新出现在综艺节目里，依然是一副娇滴滴的模样。周慧敏在张敏眼里，永远是"三千温婉"的不老女神。

当年的孟庭苇丝毫不输这两位。出道时眼睛清澈明亮，短短的娃娃头清爽澄澈，喜欢穿干干净净的白衬衫，伴着干净纯粹的空灵之音，就像是从月亮上下凡而来的仙子。

如今已步入知命之年的她，再次出现在舞台，眼睛依然明亮如镜，只是短发已换成微微卷曲的长发，温柔娴静，优雅淡然。

很多年过去，她还是那个仙子，就连岁月都不忍心在她脸上留下太多痕迹。

这样的面容，绝对不会让你跟曲折的人生产生联想，然而她也曾经历被雪藏，兄长遭遇车祸离世，朋友罹患卵巢癌离世等一系列不幸，仿佛全世界都将她遗弃。

《狮子王》里，辛巴遇到丁满和彭彭的时候，丁满劝辛巴："如果世界遗弃你，那你也遗弃世界好了。"

人在绝望的时候，面对不幸最偷懒的方法，莫过于逃避。遗弃世界不过是逃避的一种更高级的说法而已。

而孟庭苇，也在这时，毅然决然地选择了遗弃世界——她在演唱事业如日中天的时刻，退出了歌坛，甚至一度对人生失去信心，打算遁入空门。

可缘分就是这么奇妙。她唱情歌的时候，还不懂爱情，不打算唱下去的时候，偏偏爱情又来了。

这天，她接到一家公司的春酒宴邀请，公司老板是她高中时的同学张志鹏。

已经退出歌坛的她正在犹豫要不要去，一个当时在那家公司工作的同学说："你一定要来看看他。他现在好胖哦。"

然后，她就去看了看同学眼中的这个"胖子"。一看，就看回了一个老公。

她说："如果不是遇到我的先生，我真的要考虑出家，但婚姻也是一种缘分，我也要珍惜。"

一切随缘，命里有时终须有，命里无时莫强求，可能就是对她和她先生的姻缘最好的诠释。

可是，他们毕竟是两个世界的人。她事业顺畅，年纪轻轻红透歌坛，没有任何绯闻和炒作。他一路从推销员做到自己开办公司，经历了职场的腥风血雨。一个无欲无求，一个久经沙场。说好听了是互补，真相却是三观不合。

孟庭苇在《非常静距离》里谈道，她吃素，他吃荤。两口子吃饭各吃各的。

节假日的时候，先生想大吃一顿犒劳自己，看着只吃素的妻子，却犯了难，没办法点菜。好不容易点了一桌子菜，她也只能吃自己眼前的那盘素菜。

不从商，瘦子，吃素，孤儿，是她公布的结婚对象的条件。张志鹏一个都不符合，却最终抱得美人归。她笑着说："大概是我不懂拒绝吧。"

追溯起来，这场婚姻，在开始之初就已经埋下了隐患。

婚后的她在老公的鼓励下复出歌坛，还生下一个可爱的儿子。

结婚纪念十周年之际，他在脸书上深情告白。她却在微博发表离婚声明：

我们曾经期许"执子之手，与子偕老"，很遗憾没有坚持走下去的人是我。2013.1.10我们已和平签字离婚，希望这份声明可以令一切纷扰到此落幕。

谁都不曾想到，外表看似柔弱的她，处理起感情问题，竟然有种慧剑斩情丝的气魄。

她不怒不嗔，不吵不闹，没有指责对方的不是，也没有倾诉自己的委屈，只是淡然地接受这段缘分走到了尽头。

她说："人在'有'的时候，就会患失。当幸福之神来时，心里很高兴；当不幸来临时，就会非常厌恶。人人都要追求好的、排斥不好的，其实，世事本来就是祸福相倚，强求不得。"

缘分来的时候珍惜，走的时候不强求。这份淡泊的心态，看似无为，却暗含着一股平和的强大力量。

这一次，她没有选择遗弃世界，而是依然坚持唱歌，只是从以前的细雨纷飞，换成了歌唱太阳，从以前的忧伤情歌，改成了暖暖的大爱之歌。

在接受《信报》采访时，她说："爱情是人类所有感情中最微不足道的事，但它对人的杀伤力却是最大的。当你爱上一个人，你就想和他厮守在一起。你可能在爱他的5年里，总是想着他，但这是小爱。假如你用这5年的时间去帮助100个人、1000个人，这才是大爱。"

她也开演唱会，做慈善，坚持初衷，想用歌声去帮助更多的人，为普罗大众播撒大爱。

50岁的她活得恬静而美好，不念过去，不畏未来，陪伴最重要的家人，从容安静地被岁月温柔以待，还像那个从月亮上下凡而来的仙子一样，不食人间烟火。

如果说刘嘉玲的美是入世之后的出世，那么孟庭苇的美就是从来都不用入世——她一直是出然于凡世之外的。

这样的女子，实在是世间稀有。

张志鹏可能也意识到了这一点，后来在微博上写道："对不起我撒了谎，过去我不是一个完美的男人，才会在去年走到分岔口。这一年半我们携手过日子，为了小宝弟（两人的儿子），其实感情是回温的。你是一个善良心软的人，我会重新把你追回来。"

你看，只要你不弄丢自己，懂得珍惜的人，还是会回来找你的。

3 ///

如果他不回来找你，怎么办？

答案是，你得过得很好，用行动向他证明，你的人生没有他也可以很精彩。

就像好莱坞以优雅著称的格蕾丝·凯利，世人都知道她最后成为摩纳哥王妃，却鲜少知道，她情路坎坷。

成为摩纳哥王妃之前，她也曾被人无情抛弃，而那个人就是好莱坞风流倜傥的影帝克拉克·盖博。

格蕾丝·凯利是在拍摄电影《红尘》时，与克拉克·盖博相识的。那时他已经是好莱坞无人可以撼动的影帝级人物，而她，才刚刚因为一部《正午》崭露头角。在他眼里，她不过是个刚出道的二流小影星。

她本来是不愿签片约的，可她说："《红尘》中有三件事引起了我的兴趣：约翰·福德（该片导演）、克拉克·盖博和一次免费的非洲之行。"

当时的格蕾丝·凯利虽还没遇上希区柯克，却丝毫掩饰不了她耀眼的光芒。

当时饰演《红尘》女主角、好莱坞另一位传奇女星艾娃·加德纳，曾在其自传中如此评价格蕾丝·凯利："她是一个了不起的姑娘。如果你在房间里看到她，她是纯朴无华的。她在照片上的倩影比真人更加娇俏。跟她谈话时，她变得美丽动人，非常善解人意、热情似火。"

克拉克·盖博不仅颜值极高，而且自带一种玩世不恭的"坏男人"魅力。他的性感八字胡和略带邪气的微笑，令万千女影迷为之倾倒。而他本人，不仅前后结过五次婚，还拥有数不清的情妇，是好莱坞出了名的"风流皇帝"。

艾娃·加德纳发现格蕾丝对盖博的微妙情绪之后，曾提醒她："不要被他的外表或是他对你的殷勤所蒙骗！他跟很多女人有过关系——你简直想都想不到！他会把你甩掉的，就像他对所有的其他女人一样。对于他而言，你跟其他女人没有什么不同。他喜欢征服，一旦达到征服的目的，他就会离她们而去。"

本是好心提醒，没想到这番话反而勾起了格蕾丝对盖博的征服欲。

格蕾丝是个为爱而生的女子，征服过的男人也不在少数。著名影星贾利·古柏、好莱坞导演费雷德·齐纳曼，以及伊朗国王巴列维都曾拜倒在她的石榴裙下，她有足够的信心"俘获"盖博。

然而，令她没想到的是，盖博意图俘获的对象是艾娃·加德纳，她不过是他用来打发闲暇时光的"第二选择",是他的备胎。

为了赢得盖博的心,格蕾丝努力克服自己对臭虫的恐惧,跟着他在拍戏的间隙,乘坐老式吉普车,去非洲崎岖不平的乡间兜风,还不时跳入湖中裸泳。

他要教她用枪,她就将自己练成了一个神枪手,百发百中。

她的感情浓烈而炽热,却不仅没能如愿赢得他的心,反而勾起他对已故妻子卡罗尔·隆巴德的回忆。

她疯狂地爱着他,他却只把与她的关系当成一段外景地的露水情缘。

这段感情,更多的是格蕾丝一厢情愿的单恋。拍片一结束,她就被他无情地丢弃了。

"我们刚一回到伦敦,克拉克简直像换了一个人似的,而我则变得微不足道。"她跟闺密吐露心声的时候,整个精神都是崩溃的。

她信仰爱情,随时都在准备恋爱。他却只信仰风流,有时,甚至连多情都算不上。

这样的关系,从尚未开始就已经注定了没有结果。只是陷入爱情的人,很难接受这一现实。

据传记作家温迪·利在《从影后到王妃——格蕾丝·凯利的情与爱》中记载,为了躲避格蕾丝的纠缠,盖博从一家酒店搬到另一家酒店。她还在他的套房外猛敲房门,要求跟他见面。他却安排门卫守在门口,不给她任何靠近的机会。

她心力交瘁，在给朋友发的电报中，声称自己"像一个等待出狱的人"。两个星期后，又给朋友写信道："跟克拉克说不上话，心里好难受，好想回家。"

在一场被视作游戏的感情里，用情越深的人，越容易迷失自我。

1953 年 4 月 15 日，制片公司将她和盖博等一众演员集齐，精心组织了一场摄影留念活动。临分别时，她再也无法自持，失声痛哭起来。

你能想象，一向以优雅、冷静、高贵著称的童话公主失声痛哭吗？

媒体都说她是在为盖博而哭。她的母亲在一篇文章中写道："为什么她不该为他而哭？她是一个感情丰富的女演员。尽管外表冷漠、平静，但她也是有感情的。"

求也求过，闹也闹过，哭也哭过。当一切事实都在指向"不可挽回"四个大字的时候，也是时候，找回自己，重新收拾行李上路了。

一年后，当格蕾丝因《红尘》被提名为奥斯卡最佳女配角时，她也能坦然地挽起盖博的手，与他平起平坐了。

那之后，她遇到了一生的伯乐——悬疑大师希区柯克。后者，发掘出她端庄到骨子里的性感，成功将她塑造成了神圣不可侵犯的高冷女神。

后来的她，更是一路开挂，26 岁芳龄便获封奥斯卡影后，并得遇摩纳哥王子——雷尼尔三世，成功入驻王室，成为举世闻名的摩纳哥王妃，将自己的人生过成了令无数人艳羡的童话。

童话里迷路的女孩，不论遇到多少艰险，不论自己曾经多么迷惘、恐惧，最后总是能战胜一切阻挡力量，平安回家的，不是吗？

4 ///

"记得回来的路，别走丢了。"

我给在台北街道上无目的游荡的小爱，发出了这条消息后，很快收到她的回复：放心，我手机里有导航。

手机里有导航，可生活里却没有。迷了路，导航可以带领我们找到家。可如果迷失了自己，谁又能领着我们把自己送回家呢？

孟庭苇的故事告诉我们，无论谁把我们弄丢了，我们都不能丢下自己。世间缘分，有来有去，不必强求。

而格蕾丝·凯利的故事则告诉我们，万一我们不小心把自己丢了，也一定要记得回家的路。毕竟，人生的路，还是要自己走。

宠爱自己

　　茱莉亚·罗伯茨曾说：如果有人想离开你，那就让他走吧。你的命运不可能跟一个狠心离得开你的人产生联系。可这也不代表他有多坏，只不过意味着你跟他的故事结束了而已。

　　人生是一个相当漫长的过程，你的一生很有可能不止产生一个故事。

走进你生命的人，无论带着什么样的因由，都值得我们去珍惜，去奉献，去付出。可如果哪一天，他决定离开，我们就该放手。

为什么要放弃？为什么要分手？为什么要离开我？

对于一个已经决意离开的人，任何说辞都是无义的。即便你祈求，吵闹，痛哭，费尽心思将他留下，掺杂着怜悯和施舍的爱，那叫作良心，而不是爱情。

他弄丢了你，当然你会痛。可这不足以成为你迷失自己的借口。

也许，你可以允许自己痛苦一阵子，沉沦一阵子，迷惘一阵子，也许去台北那样的地方看看雨。但别忘了，看完雨之后，还得像格蕾丝·凯利一样，重新拾掇拾掇自己，活出新的自己。

只要你不放弃，每一段故事，都将成为你获得新生的契机！

幸福从来都是自己争取的

1 ///

你身边还有多少待字闺中的女子？

我数数自己身边，唉——这个——，好像十根手指还不够用咧。

说起来也挺心酸的，她们当中大多是 80 后。

在这个 90 后异军突起，00 后奋起直追的时代，好多 80 后女子因为赶着生二胎，都要被时代的洪流给遗忘了，而我身边居然还有为数不少的单身未嫁女子。惊不惊喜？刺不刺激？

横观这些女子，除了极少数内心特别强大、主动选择单身的人，其余的大多是被迫剩下来的。

究其原因，除了年龄这一世俗标准，我发现，她们还有一个共同特征：不主动。

女友在同事的介绍下加入一个高端相亲群，群里的男性成员个个都是高学历、高收入、高智商的社会精英，女性成员几乎一水的名校、名企、名门。

作为仅有的少数几个80后女性成员之一，朋友在这个群里受到来自90后女子群体的强烈冲击，甚至有一种被强势包围之感。

女友心仪的男神到群里发一句"大家好"，90后妹子一个接一个跟帖："男神你好，你终于上线了。""男神看这边，我关注你好久了。""男神今晚有空吗？赏脸出来吃个饭呗！""男神，我会做你最喜欢吃的鱼香肉丝了，保证不比外面的餐馆味道差。"

平时隐身潜水潜惯了的女友，像艘遭遇敌人追击的潜水艇一样，在一个个鱼雷的轰炸下，也不得不浮出水面，发出一个微笑表情。

微笑表情？ Excuse me ？

更夸张的是要数群里一次线下相亲活动。本来组织者安排她跟男神邻座，因为找男神搭讪送礼的妹子太多，她被悄无声息地挤到会场外面，听着妹子们像应聘工作一样自荐："我会做饭，有驾照，自己在供车，房子不需要写我的名字。""我有房，爱健身，能吃辣。""他们说的我都能做到。而且，我还愿意为你生孩子。"

听到"愿意为你生孩子"，女友胸口猛呛一口气，咳得睫毛膏晕妆，黑色的液体挂在眼角，像国画泼多了墨，欲落不落，实在有碍观瞻。

赶紧跑到洗手间清洗。冷冷的自来水拍打在脸上，洗净了眼角的晕染，也洗清了她的脑子：自己是不是太矜持了？

有些问题，在你提出来的那一刻，其实就已经有了答案。

朋友绝对不是一个胆小的人。

记得大学毕业时参加毕业生交流会，人群熙攘，很多单位连招聘官的脸都见不着。我们都像发传单一样，遇到肯收简历的单位就丢一份，收到面试通知仿佛中了五百万一样，全凭运气。

她则有的放矢，只投自己感兴趣的职位，挤破脑袋也要挤进人群，见到招聘官张口就来个自我介绍，还是纯英文的。

我们只能眼巴巴看着她被招聘官带离现场，直接进入面试环节。

从前她就肤白貌美，如今的她，经过十几年职场洗礼，早已褪去了当初的青涩，脸上更多了一份历练所赋予的成熟美。

虽然个子不算出挑，但自带的熟女光芒也是无法忽视的。怎么到了追求自己幸福的时候，偏偏露怯了呢？

据我观察发现，像女友这样生活中勇敢果决，追求幸福时反倒畏首畏尾的姑娘不计其数。

怎么回事？难道她们认为幸福会从天而降，不招自来？

2 ///

没错，在我们的固有观念里，一般都是男生追求女生，男人主动向女人求婚。似乎女人要是主动追求男人的话，就显得掉价。仿佛是自己实在没人要，才委身去向男人乞怜的。

追求男人，要冒着被拒的风险。这对普遍脸皮较薄的女人而言，不可谓不是一大心理障碍。

好多女生因为告白被拒，还可能落下心理阴影。

李冰冰在其书作《十年·映画》中，曾自曝自己唯一一次主动表白的经历。

"就是觉得他怎么那么好看呢，然后就突然跟他说'我喜欢你'，但是这段感情没有结果，因为他没有接受我。"

这件事给她造成了极大的心理阴影。她说："被拒绝的感觉挺难受，这之后我再也不敢对别人表白了，等别人爱我，我再爱别人吧。"

一个主动追求幸福的女子，因为一次被拒经历，就让自己变成了一个被动等爱的人。

感情上的伤害，带给一个人的影响，实在不可低估。

可如果再遇到爱，怎么办？

明知道对方是自己心仪的对象，就因为对方没有主动追求而放弃幸福的可能吗？

爱情是个难以捉摸的情愫，有时候，幸福就靠一瞬间的抓取。错过那一瞬，带来的可能是终身的遗憾和悔恨。

传奇女子吕碧城，就曾因瞬间的错过，屡次与幸福擦肩而过，只得抱憾终身，一生未嫁，最后皈依佛门。

3 ///

她是民国女子中的传奇。在那个新旧交替的年代，从未迷失自我，凭着一个强大丰盈的内心，特立独行于世。

她不是不漂亮。

《北洋画报》曾刊登《记吕碧城女士》一文，文中描述她："凤以惊才绝艳，蜚声内外，往岁漫游新大陆，捻脂新韵，江山生色，而服饰游宴，盛为彼都人士称道，吕虽已跻盛年，而荣华焕发，犹堪绝代。"

大作家苏雪林撰文赞叹她的风采时，更为具体，说她常"着黑色薄纱之舞衫，胸前及腰下绣孔雀翎，头上插翠羽数枝，美艳有如仙子"。

她不是没有才华。

她毕业于美国哥伦比亚大学，主修文学与美术；是《大公报》的第一位女编辑，我国近代最早的女性新闻从业者；是具有宋代遗风的最后一位女词人。

25岁以一首《百字令》痛斥慈禧罪行，引起一时轰动。后更连发十几首诗词针砭时弊，引起京津两地文人墨客的一片喝彩，纷纷化名与她和诗。

有"铁花馆主"在和诗前题注称："昨承碧城女史见过，谈次佩其才，志气英敏，仅赋两律，以志钦仰，藉以赠行。"

《大公报》主编英敛之倾慕她的才华，自称神魂颠倒。有诗曰："稽首慈云，洗心法水，乞发慈悲一声。秋水伊人，春风香草，悱恻风情惯写，但无限悃款意，总托诗篇泻。"

之后更因其才华，被袁世凯钦点，成为后者担任大总统期间的公府机要秘书。

她不是没有钱。

离职机要秘书后，她与外商合作，近两三年工夫，就累积了可观的财富，富甲一方。

游历美国时，她去理发厅做头发。理发小姐问她是不是要去赴会，她说要去第五大道参加席帕尔德夫人的宴会。

能住在第五大道的人，非富即贵。理发小姐告诉她，席帕尔德夫人几乎是全美国最有钱有势的女人，凡她想做的事，是没有办不到的。当即传授她很多讨好这位夫人的技巧。

她静静听完后，淡淡地对理发小姐说："我比她还有钱！"

放到现在，吕碧城就是一个妥妥的"白富美"，必定趋者若鹜，追者云集。

她也不是没人追。

驻日公使胡惟德曾向她提婚，被她拒绝。

袁世凯公子袁克文与她交往密切，诗词唱和。有人想成全他俩的好事，她却嫌袁克文是公子哥，整天厮混于风月场所。

素有"江东才子"之称的杨云史，据后人揣测，跟她也有难以说清的情愫。

然而都没有结果。

她不是不渴望婚姻。

在朋友面前从不讳言自己对婚姻的看法。"其实，我并不在乎财产和门第，唯有其文采是必须考虑的。这样一来，选择的范围难免大受限制，以致东不成，西不就。"

还列举了不少自己欣赏的才子，如梁启超、汪荣宝、张謇云云。可惜他们都已有家室。

如果说她的择偶必需条件是男人的文采，那么错过这个人就是她自己的过错了。

在她的文稿《纽约病中七日记》中提到，她曾在舞厅认识一个叫汤姆的小伙子，对她很是殷勤。她也觉得汤姆是个值得交往的老实人，便要求汤姆给自己写信，以试探其文采。

没想到汤姆文采还不错，比起很多文化人都有过之而无不及。

既然条件达到，又有好感，尝试着交往也未尝不可。可惜，汤姆邀请她跳舞的时候，她以另有约为由把人家给回绝了。

为此，她颇感懊悔，但也无济于事了。之后，汤姆再也没有在她的人生中出现过。

她不是一个思想传统的旧式女子。

兴办女学，倡导女权，穿衣打扮追求时髦新潮，生活西化，学贯中西，早年就有到欧美留学的打算，并且日后得以如愿成行。

然而在婚姻问题上，吕碧城认为还是父母包办的好。她腰缠万贯，条件太好，令太多男子望而生畏，要她反过来倒追男子，她又没有这样的勇气。

徐特立说，想不付出任何代价而获得幸福，那是神话。

没有勇气主动出击，那就只好被幸福抛弃。

吕碧城常年游历在外，看似潇洒，实则有不得已的苦衷。

任何时代，哪怕是放到今日，一个独身女子都是会受到社会舆论的特别关注。你道她是说走就走，游遍全球，又岂知她不是为了躲避舆论的压力呢？

她一生的才华都凝结在《信芳集》里，清华大学教授吴宓曾主动请缨为她作序。序里有言："集中所写，不外作者一生未嫁之凄郁之情，缠绵哀厉，为女子文学中精华所在。"

虽最后没被她采用，但至少说明，吕碧城的独身生活过得并不幸福。

她不是那种拥有了财务自由就拥有了一切的女子，反倒因为自己的被动，将可能的幸福拱手相让。

晚年可谓孤苦伶仃，在病痛中孑然一身而去。

其实回头想想，吕碧城一生艳遇颇多，哪怕是有那么一次主动抓住机会，她的后半生可能都会改写，也不用在自己文章里后悔"想补过也来不及了"。

4 ///

其实，在两个人的爱恋关系中，男人主动一点，还是女人主动一点，跟幸不幸福没有直接关系。但是主动的人，其获得幸福的概率一定比被动的人大。这是有科学依据的。

既然幸福是你想要得到的结果，又何必太计较过程如何？

刘嘉玲参加《熟悉的味道》，谈到两人交往多年，当所有人都以为他们准备奉行不婚主义的时候，她主动向梁朝伟求婚。

她的想法也很简单：因为父亲心脏病突然离世，她惊觉人生太过无常，不想让母亲和自己此生留下遗憾。

当时梁朝伟还反问："哈？我们现在还来搞这种事？"

他们是在长久的相处和磨合中，找到各自舒适地带的两个人。即便没有承诺和仪式，幸不幸福两个人都在一起，可是主动抓取过来的幸福感，会让人心底更踏实。

聪明的女子，永远知道幸福应该牢牢抓在自己手里，等待才是幸福的死敌。

哪怕你真被拒了呢，大不了从头再来一次。即便一朝被蛇咬，留下了心理阴影，你也有可能成为第二个李冰冰呀！

宠爱自己

曾经有一个男生跟我讲过，很多男子，就算心里喜欢一个女孩子，也不会轻易表露心迹，因为怕被拒绝，掉面子。

我跟他说，男生不主动，那这恋爱还怎么谈？

他说，有时候主动一点的女生，对男生更有吸引力，只是要把握好度，太过了就不好了。

像我朋友遇到的那群 90 后，动不动就要跟人生孩子，不但吸引不了人家注意，反而会引起男生反感，甚至把他吓跑。

那这个度该如何把握呢？

用现在流行的话，就是"撩"。

主动地、有意地去吸引他，勾起他接近你、了解你的欲望，从而让他对你表白。

与其干等着他再约你，不如先发短信告诉他，今晚约会餐厅的饭菜很合你胃口，以后你可能会常去。

如果他问："一个人去啊？"

你便顺势回答："要不你陪我去？"

没错，我那朋友就是这样，最终撩到她的男神的。

女人最高级的智商，是知道自己要什么

1 ///

应邀去朋友家吃饭，正遇上朋友表妹在向她哭诉。

表妹正值花信年华，亭亭玉立，追求者众。经再三筛选，最后剩下两名候选者，各有所长，令表妹举棋不定。

其中一个工作稳定，事业有成，家境优渥，对表妹悉心照料，无微不至。这个人可以令她迅速上升一个阶层，保她生活无虞，不需为柴米油盐所恼，却总感觉缺了那么点激情。我们暂且称他为爱她的人。

她爱的人则时常会出现在她的梦中。他的每一个微笑都能令她心跳加速，每一句话都像春雨一样滋润她的心田。可他不过是个普通白领，领着微薄的月薪，家世单薄，住在狭小的出租房里，买房的日子遥遥无期。

两人几乎同时要求跟表妹确立关系。表妹左右为难，经过冥思苦想，选择了爱她的人。

可是年轻的心啊，不听使唤，常不自觉地想要与她爱的人靠近。于是两人藕断丝连，暗度陈仓，展开了一段地下情。最终，东窗事发，爱她的人拂袖转身而去，她爱的人不堪沦为备胎，愤然离去。

表妹哭得梨花带雨，委屈地跟朋友倾诉，不知道自己错在哪里。

朋友叹息一声，拍拍表妹的后背说："你呀，太年轻了，不经事，还不知道自己到底想要什么。"

2 ///

表妹的事，很容易让人联想到曾经轰动一时的林青霞与"二秦"之间的纠葛。

她是稀世大美女。怎么形容她的美？

金庸说："青霞的美，是无人可匹敌。"

徐克说："林青霞这样的美人，50 年才出一个。"

周星驰说："当青霞穿起女装时，就是最美的女人。当她穿上男装时，就是最靓的男人。"

刘嘉玲说："我看到林青霞的时候，我很仔细地，连每一个细胞，每一块我都会仔细地去欣赏。我就会觉得，怎么会有这么漂亮的女人？完全没有任何破绽，配上她的气质，整个人出来是完美的。"

这样的美人，怎能不让人心动呢？

几乎和她搭过戏的所有男演员都曾追求过她。20 多岁的时候，她还说，追求她的男人还不到十个。

琼瑶曾说："如果你了解了林青霞的爱情，再看我的书，便会觉得索然无味。"

而她这段著名的爱情，就跟她的表演事业一样，都从《窗外》开始。

《窗外》不仅是她的处女作，还是她遇见秦汉的缘起。

那年，她还不满 18 岁，带着少女特有的清纯和自然。

他大她八岁，在试镜的时候看到她，便对她产生了说不出的偏爱。导演要求他在戏里强吻她，他拒绝了。他说："不想利用这个机会，青霞还小，怕吓坏了她。"

言语间的怜惜，可见一斑。

他们一起合作了十来部文艺片，全都是纠葛缠绵的爱情故事。演多了，经常搂搂抱抱，爱情的星火渐成燎原之势，于是戏里的故事一直延伸到戏外。

可他已经结婚生子，她成了恋上有妇之夫的女人，玉女形象一落千丈。他的妻子打电话怒骂她破坏家庭，她静静听完对方的宣泄，最后长叹一声，说："好了好了，我保证不破坏你们的幸福就是。他约我，我也不见他了。"

她说到做到，出走美国疗伤。

这时，与她合作过多次的秦祥林，为了她与妻子离婚，一路追随她来到美国，向她求婚。

她已经 26 岁了，对一个普通女孩而言，也该结婚了。可她心里很矛盾，打电话问秦汉："我要不要嫁给他？"秦汉说："随便吧！"

听到这个回答，她绝望了。

她心里明白，自己的最爱始终是秦汉，可向她求婚的人不是他。

和秦祥林订婚那天，她失踪了。当大家在角落里找到她的时候，发现她已经哭得梨花带雨。

这个婚约勉勉强强维持了四年，分手是从一开始就注定的结局，因为她心里非常清楚，秦祥林不是她想要的那个人。

她想要的那个人终于离婚。在一个仲夏夜，他挽起她的手，漫步在台北幽静的马路上，将他们俩的恋情大告天下。

兜兜转转，失而复得，本该倍加珍惜彼此相依相偎的日子。只是，当阻挡两人的一切障碍被排除，两个人才能静下心来去检视彼此是否真的合适。

她强烈，他慢热；她浓情似蜜，他云淡风轻；她好逞强，而他又优柔寡断。两人性格上的强烈反差，为他们的相处埋下了不少隐患。

她是渴望婚姻的。在接受香港无线台的采访时，她靠着他说："我攒了些钱，他也有些积蓄，以后结了婚也够花了。"

小女儿盼嫁有情郎的娇羞模样格外动人，可他经历过一次失败的婚姻，已经疲惫，不愿再给出承诺了。

盼了多年，她渐渐累了，冷了，心死了。

高凌风在《歌声传奇》的舞台上，说出了林青霞与秦汉分手的细节。林青霞提出分手。秦汉不信，拉着她跑到琼瑶面前，试图让这个两人都信赖的大姐说服她回心转意，依然没能让她回头。

他咆哮道："为什么？为什么……"

她淡淡地说："我不爱你。我不爱你……"

他跪下求她，她始终坚持分手。因为她已经明白，她想要的安全感，眼前这个人给不了。

之后，她嫁给了能给她带来安全感的人——邢李原。两人相识才半年多就闪电结婚。她的理由是："他让我很有安全感，可以让我过自己想过的生活，跟他在一起很舒服，我现在很快乐。"

兜兜转转，失而复得，得而复失，22年的情感纠葛，让人唏嘘不已。

当一名女子已然明白自己心之所向，却又求之不得，放手是最明智的选择。

3 ///

自己想要什么？这从来不是值得费雯·丽苦苦思索的问题。她有什么说什么，从不伪装，并愿意承担自己的行为所造成的一切后果。

7岁那年，她跟闺密明确了自己的梦想——成为一名伟大的演员。

年仅18岁，她就已经知道自己要嫁什么样的老公。

那天，她和好友在街上看到一个"白马王子"。"王子"满头金发，一双严肃的眼睛里写满云淡风轻。他身穿红色骑士装骑在马上，从街的另一头缓缓地来到她面前，向她脱帽致敬。

她问好友："那是谁呀？"

好友说："是利·霍尔曼啊！你觉得他怎么样？帅不帅？"

她说："他简直太完美了，我要嫁给他。"

好友惋惜地说："可他已经跟别人订婚了。"

她挑起眉，眨了眨那双猫一样灰绿色的眼睛，神采飞扬地说："有什么关系，他还没认识我呢。"

微风拂起她深褐色的头发，灿烂的阳光洒落在她红润的两颊，她微微翘起稚气的唇角，望着渐渐远去的背影，猫一样灰绿色的眼里放射出狡黠的光芒。

年轻的她张扬而又美丽，有一种摄人心魄的惊艳，让人魂牵梦萦，念念不忘。

不出所料，几天后的狩猎舞会上，她又遇到了令她一见倾心的金发"王子"。当"王子"毫不掩饰地表达自己对眼前这位女子的倾慕时，她扑闪着那双动人的眼睛，露出了猫一般狡黠的微笑。

如她所愿，她很快成为他的妻子，波澜不惊地过起上流贵妇的生活。

一天，她被带进皇宫觐见国王。金碧辉煌的皇宫大厅挤满了衣着华丽的王公贵族。她像做梦一样，缓缓向国王和王后走去。

她身穿大灯笼袖长裙，裙尾长长地拖曳在地，随着脚步的移动窸窣作响。头发简单对梳到脑后，突出她恬淡精致的妆容。全场的目光几乎都聚焦在她身上。她微微扬起头，面露微笑，不卑不亢地向国王和王后行礼。王后不禁赞叹道："好漂亮的孩子！"

这是她永生难忘的一次经历。这一天，她不仅征服了国王和王后，征服了整个英国宫廷，更是在万人瞩目的注视中，再一次明确了自己的目标——她要回到皇家戏剧艺术学院。如果她今生只能选择一种生活，那么她生活的中心必须是舞台。

于是，在诞下唯一的女儿之后，她很快投入了专业表演学习，并得偿所愿地成为一名职业演员。

全力投身演艺事业之后，不懈的努力令她声名鹊起。同时期，另一个耀眼的明星也开始在戏剧界冉冉升起。他叫劳伦斯·奥利弗。

英伦向来盛产气质美男，现今活跃在一线、有"一美"之称的詹姆斯·麦卡沃伊、蝙蝠侠克里斯蒂安·贝尔、大神导演克里斯托弗·诺兰、"精灵王子"奥兰多·布鲁姆、"抖森"汤姆·希德勒斯顿、"卷福"本尼迪克特·康伯巴奇，哪一个不是才貌双全、色艺双绝？而劳伦斯·奥利弗作为他们的前辈，只有过之而无不及。

他目光深邃，微翘的嘴唇似笑非笑，美人沟下巴凸显出他浑然天成的贵族气质。久经磨砺的舞台功底，令他对表演艺术有一种独特的感知力。

他是真正的舞台"王子"，一颦一笑，一举手一投足，轻易就能俘获情窦初开的少女心，其中包括费雯·丽。

她指着舞台上的"王子"，跟朋友说："总有一天，我要嫁给劳伦斯·奥利弗。"

朋友提醒她："你已经是个有夫之妇了。"

可是，什么都无法阻止她得到她想要的东西。

"我一直相信，只要你全心全意想要得到一样东西，你就一定会得到它。"她的表演事业如是，爱情也如是。

机缘巧合，她和丈夫到一家餐厅吃饭，正碰上奥利弗和他的妻子吉尔。她就这样和奥利弗相识了。从此，她的人生中多了一个执念——爱奥利弗。

奥利弗演出结束后，她悄悄来到后台的更衣室，冷不丁在奥利弗的脖子后面印下一个吻。这一吻，成为两人关系的转折点。

强烈的道德感令他们极力克制自己，然而情不知所起，一往而深。

在两人合作的第一部电影《英伦战火》的片场，她看着他，他看着她，两人对彼此的激情和爱慕，在热烈的目光中碰撞出火花。

她含情脉脉："你等着，我要让你恢复自由身。"

他深情款款："好啊，亲爱的，能快点吗？"

两人在片中关于"每个人都有权追求幸福"的言论，更成为他们破釜沉舟也要在一起的推动力。

她甚至亲自写信给吉尔，坦承自己对他的情意。

"我太喜欢拉瑞（奥利弗的昵称）了……我想逃离利（霍尔曼），想体验生活。拉瑞有解开我生活囚笼的钥匙。我会给他足够自由，让他作为一个男人的形象，一个艺术家的形象，去发掘自己。吉尔，你也可以给他自由，可你也承认过你给不了他激情。拉瑞这一生，需要激情。请不要无视他灵魂的迫切需要。否则，得不到自由，得不到激情，他的艺术之魂将消失殆尽，而英国也将失去一位伟大的演员。"

她爱得如此理直气壮，又是如此志在必得。任何女人遇到费雯·丽这样光芒四射而又咄咄逼人的女人，都难免自叹不如，更何况，他也已深陷其中不能自拔，吉尔还能怎么样呢？这个女人也很绝望啊！

可是费雯·丽理会不了那么多，她只想得到她爱的男子。为此，她豁出一切，抛夫弃女，跟着他越洋过海，远走好莱坞。

那时的她在美国籍籍无名，而他已经是享誉好莱坞的英伦偶像了。

当时，整个美国都在为《乱世佳人》的女主角人选操碎了心。虽然男主角已经被确定下来是克拉克·盖博，片场仍有人毫不避讳地对他说："要是你演白瑞德，那该多好啊！"

他一笑置之，依然阻止不了人们对这个话题的讨论。大家你一言我一语，现场气氛渐渐沸腾起来。

雨水洗刷的夹板上，突然出现一个小小的身影。

她浑身上下仅披了一件外套，像个预言家一样，用笃定的语气说："拉瑞不演白瑞德，不过我一定会出演郝思嘉的。等着瞧……"

这一幕，惊呆了在场的所有人。

她对《乱世佳人》的原著小说《飘》熟谙在心，熟记书里的每一个章节，对郝思嘉的个性特征了若指掌。

只要郝思嘉想要一样东西，她一定会不惜一切代价去得到它。而她自己更是不撞南墙不回头。即便撞了，大不了重新振作，爬上墙头翻过去。她跟郝思嘉一样，骨子里有股笃定而又倔强的东西。

这样的人，有什么事是干不成的呢？

　　筹备了两年半，闹得满城风雨，在《乱世佳人》开拍时，制片人大卫·塞尔兹尼克依然没有找到郝思嘉的最佳人选。第一场"亚特兰大大火"的戏，他用替身演员反复拍摄了八次，才最终通过。

　　正郁闷时，远远地走来一个熟悉的身影，是自己的亲兄弟迈伦。他身后还跟着一名黑衣女子。这女子是谁呢？

　　她身穿黑色长裙，头戴黑色宽檐帽，纤细的腰身，不禁让大卫联想到原著中只有 17 英寸腰围的郝思嘉。

　　迈伦远远地对大卫喊道："嘿，天才，来见见你的郝思嘉吧！"

　　女子从容地踱步到大卫面前，摘下宽檐帽，深褐色的头发迎风飞扬。

　　她那双灰绿色的眼睛含温情脉脉，同时又流露出猫一样的狡黠，柔媚可人的笑脸中透出惊人的桀骜不驯。她没有一丝怯懦，毫不矫揉造作，高贵的外表下压抑着瞬间即可爆发的情感力量。

　　大卫被眼前的女子震惊了。她就是郝思嘉！他终于找到了他的明星！

　　她成功了！她不仅获得了电影史上最经典的角色，还凭借此角获得第 12 届奥斯卡最佳女主角的殊荣。几乎是在一夜之间，一跃成为好莱坞最璀璨的明星。

　　人们毫不吝惜对她的溢美之词："她有如此美貌，根本不必有如此演技；她有如此演技，根本不必有如此美貌。"

之后回到英国，她和奥利弗纷纷与各自的配偶离婚，终于结合，携手一起走过 20 年，成为电影史上最著名的明星夫妻。

费雯·丽一生都在追求两样东西，一个是表演事业，一个是爱情，或者更具体一点，爱奥利弗。

更难能可贵的是，她不仅知道自己要什么，还懂得为了得到它们而去付诸努力，不让自己的心之所向变成空谈。

$$4\ ///$$

破釜沉舟的勇敢，飞蛾扑火的无畏，固然可贵；

洞若观火的通明，心如明镜的透彻，更为难得。

大凡活得潇洒的女人，都有一份自知之明的通透，知道自己在什么时期，要什么，并会努力去争取，直到得到为止。

纵使得不到，纵使跌破头颅，也没有悔恨，没有怨怼，敢于承担一切后果。

这才是一个女人对自己负责任的智慧。

宠爱自己

鱼，我所欲也。熊掌，亦我所欲也。二者不可兼得，必须舍弃其一。当你在纠结为什么鱼和熊掌不能兼得的时候，你也应该反省一下是否欲壑难平。

有人说，我知道自己想要什么，但是不敢去争取，怎么办？

首先，你要深入了解自己不敢去争取的原因。是你想要的东西太不现实，还是它远远超出你自身的能力？

其实，这两方面的问题都隐含着同一个疑问：你是否为自己想要的东西做出了足够的努力？

一件事的成功从来不是靠心里想出来的。那些"心想事成"的人，一定是在你没看到的地方，做出过你想象不到的努力。

也有人说，我虽不知道自己想要什么，但很清楚自己不要什么，怎么办？

安妮宝贝说：也许幸福是没有标准的。我不会再追问自己，到底想要什么样的幸福生活。我想，我在感觉，在经历，在前行，这样就可以了。我一点也不后悔。

目标明确一点，奋斗再努力一点，争取的时候勇敢一点，你终将达成所愿，收获自己想要得到的东西。即便最后没有得到，努力争取的过程，也会让你不经意间收获意想不到的东西。毕竟，你从未停止过体验和前进，生活的意义不就在于此吗？

谨此，与君共勉！

我的人生，只交给我自己

1 ///

我有一同学大学一毕业，就以总分第一、面试第一的成绩进入这家梦寐以求的事业单位。别人都说她运气好，选择性忽略她为之付出的汗水与努力。

家人以她为豪，逢人吹嘘自己女儿端上了铁饭碗，却从来不知道，毫无背景的她在单位内多么举步维艰。

进去之前，她不是没有想过自己的身份和背景。可父亲说得对，不管什么单位，它都需要做事的人。于是，她带着做事的心态开始工作了。

上了班才发现，原来很多事不是你想做就能做，功劳也不是你做了事就归你领。

在她所处的单位，连清洁阿姨都能跟某领导的司机的老婆攀上十八层以外的关系，一个月迟到20天都能在年终时领个"最感动人物奖"。她每天伏案加班到凌晨，却只落了个作秀的说法。

单位投票竞聘，虽知道现实残酷，但她依然抱着有人看得到她的努力的希望，想求得一次公平的竞争。

结果出来，她才知道现实打到自己脸上的耳光有多么疼——她是从来就没有被列入考虑之列的人选。

这个结论，令她非常懊恼，却又无能为力。

看过太多活生生的例子之后，她终于承认了梦想与现实之间的距离，开始学着同事的样子浑水摸鱼，反正干好了没人欣赏，干坏了也没人知道。

一方面是对自己职业生涯的失望，另一方面是带着侥幸心理的消极怠工。

她以为没人会惦记她。没想到，公司财政紧缩，精减人员时，她成了第一个被惦记的人。

老板说："你的合约期快满了，公司决定不跟你续约了，你早做准备吧。"

"太不公平了！明明我也认认真真地做过事的呀！就这样一脚将我踢开了。"

她拿掉饮料杯上镶着的小纸伞，将杯沿的柠檬片扔进饮料杯里，怒气冲冲地用吸管反复戳着柠檬片。柠檬果肉在透明的液体中上下翻腾，澄澈的饮料瞬间变得浑浊。

因为关系好，我也不怕对她直言："你也知道是'认认真真地做过'

啊，人家是因为那股认真劲儿不跟你续约的吗？"

她停下手中的吸管，顿了顿，说："我明白，只是……不过，你说，明明大家都在混日子，为什么轮到我就不行了呢？"

她狠狠地吮吸饮料，直到柠檬果肉堵塞住吸管。

我所认识的她是个聪明人。这句话问出来，我听到更多的是因为自己的不公正待遇所发出的怒意，并不是她不明白其中的缘由。

然而她的不续约，虽然多少有些不可言说的因素，但她自己也确实难逃其咎。

看别人混日子过得红红火火，她也消极怠工，这本身就不是一种聪明的做法，也不是对自己负责任的态度。

每个人家庭背景不同，生活环境不同，机遇境况不同……无数个不同造就了我们的独一无二。那么，在遭到同样的境遇时，我们的处理方式当然也应该不一样。

很多人习惯用多数人的人生观和道德观来衡量自己，殊不知盲目地照抄别人的生活，跟风似的照搬别人的处事方式，最终不仅不讨好，反而容易抹杀掉自己的本真，像我的这位大学同学一样，得不偿失。

认同一种活法，不需要自己亲身去体验；欣赏一个人，不需要将自己变成他的模样。你就是你，你有你的活法，有你自己的处世态度，有别人身上不曾有的优点。保持自我，维护真我，才是一个独立女性应该拥有的人生态度。

"我喜欢碧姬·芭铎，她非常美，非常自然，她和自己的身体相处自如。玛丽莲·梦露呢，她致命地渴望被爱。她死得很耀眼。她们和她们的美相得益彰。"

你相信这话出自苏菲·玛索之口吗？这个被称为"全世界最漂亮的女人"，连她，都有令自己倾慕的偶像和羡慕的活法？

答案是肯定的。但是，她并没有重复碧姬·芭铎的老路，将身体作为自己与生俱来的武器，在大银幕前刻意卖弄性感；也没有照抄玛丽莲·梦露的情路，一次又一次在爱中沦陷，失去自我。

她说："我不渴望那些，也不追求那些，因此我的命运与她们不同。"

2 ///

长久以来，中国观众从来都不吝惜对这个法国女人的溢美之词："法兰西玫瑰""法兰西之吻""法兰西之魅"。

她的眼睛清澈而忧郁，身姿修长高挑。气质中一分纯真，两分狂野，三分高贵，四分柔情，将西方的性感与东方的神秘完美地合为一体。微微勾起嘴角，咧嘴一笑，便能颠倒众生。

而她最令人钦佩的，不仅是人长得漂亮，更是因其如本人一般漂亮的活法。

以 50 岁的"高龄"，到广州跟一群大妈跳了一场广场舞，被网友盛赞"把广场舞跳出了芭蕾舞的感觉。"

模仿查理兹·塞隆为某大牌拍摄的广告片，一个粗鲁的扔鞋动作，都被影迷们称为"率真""豪放"。

练一次太极，也被网友大赞"静若处子，动如疯兔"。

身为电影明星，一举一动都曝光在闪光灯下，她却从来不受媒体和舆论所累。

被拍到与型男名厨 Cyril Lignac 在意大利度假的亲密照片，她抢在媒体爆料之前，大方承认："是的，所以那又怎么样？"

不仅如此，她还在社交账户上发言，第一时间将话语权掌握在自己手里：

没有什么好遮掩的，也没有什么好围观的。所有人都清楚苏菲·玛索与西里尔·利尼亚克在一起了。不必再骗子那花上 1.60 欧元，看几张恶心的照片和无聊的评论。有空读读托尔斯泰，玩玩填字游戏，或者来社交网络免费逛逛，你们都会发现好多更有趣的事！

——给听得懂的人

言辞坦诚大方，机智不乏风趣，令人忍俊不禁，狠狠地甩了以爆丑闻为乐的某些不良媒体耳光不说，还给粉丝留下率真坦诚的印象，令不少路人因此转为忠实粉。

苏菲·玛索从小就是个向往自由、不愿受束缚的独立女性。

她小时候的愿望，是像父亲一样成为一名卡车司机，只因为开着车，想去哪儿就能去哪儿，自由自在。所以一满 18 岁，她就考了驾照。

她 14 岁以清纯玉女的形象出道，出演了第一部电影《初吻》，就因为其清丽脱俗的气质一炮而红。

18 岁时，被安德烈·祖拉斯基相中，受邀接拍《狂野的爱》，遭到公司反对，她毅然举债百万与公司解约。

波兰导演安德烈·祖拉斯基，在业界是有名的"疯子""虐待狂"。他执导的电影往往充斥着暴力因素，极富争议，常常毁誉参半。

他的第一部独立导演电影《夜的第三章》，虽广受评论界好评，却因为内容过于黑暗，被波兰当局禁映。第二部作品《魔鬼》，因为同样的原因被禁映 15 年。其最著名的作品《着魔》（Possesion），虽分别在戛纳和凯撒电影节上获得最佳女演员奖杯，但因其营造出来的阴郁、恐慌和变态气氛，令观者无比压抑。

苏菲受邀出演的《狂野的爱》，一如祖拉斯基既往的作品，充斥着很多裸露的戏份。她加盟的高蒙电影公司，从苏菲出道开始，努力经营和维护她的清纯玉女形象，所拍电影都是同一个类型。

公司认为，《狂野的爱》不适合苏菲的形象，坚决反对她出演，并以舆论攻势和 100 万法郎的违约金，对她发出警告。酷爱演戏的她，不满足于不断重复同一种角色，力求表演事业的突破，不惜与公司对簿公堂，七拼八凑筹得 100 万，终止了与公司的合约。

她说："我没有刻意要做什么，只是讨厌被人操控。电影公司的人假装是我的朋友，实际上只是在操控我的职业、我的生活。"

真正的女神，不仅敢于说不，还敢于爱。

在这部电影中，她不仅从青春少女一举转型成性感女神形象，还恋上比她大26岁的导演。他们的恋情遭到整个法国的强烈反对，她却不管不顾，依然和他携手走过16载，直至两人分手。

她公开了四段恋情，生下了两个孩子，却从未结过婚。

与她相恋七年的好莱坞男星克里斯托弗·兰伯特曾问她："苏菲，你需要婚姻吗？"

她说："结婚是给别人看的。对我而言，幸福最重要。"

不论是事业还是爱情，她从没有活成别人期望的样子，或大多数人生活的样子，而是一直在努力追寻属于自己的独特活法。

你可以说这是标新立异，也可以说这叫特立独行，可最终，她还是收获了幸福。不是吗？

苏菲·玛索现年已经50多岁了，眼角的鱼尾纹清晰可见，却依然光彩照人，被称为最美女神。

接受杨澜访谈时，她曾说，自己就像一头在世上爬行了三百年的老乌龟。因为乌龟看待这个世界时，有着自己神秘的视角。她希望自己也能像乌龟一样，可以自如地缩回自己的世界，不被世界所控。

懂得掌控自己人生的人，怎么可能被世界所控呢？

3 ///

在中国影迷心中，论起第一个想到的法国女神，非苏菲·玛索莫属。

而在法国影迷心中，提起第一个想到的中国女神，绝对是张曼玉！

就连法国人心中"永远的挚爱"苏菲·玛索也承认："张曼玉是至今为止在演艺界拥有最高成就的电影演员，不仅仅是她的奖项和经典的电影，她已经成为了一种文化，不仅仅影响着法国和亚洲。她不同于世界上的其他演员，她的生命里充满了使命感与责任感，试想，如果没有张曼玉，那亚洲、中国，包括欧洲艺术，会少了多少亮点，她是所有明星们的榜样。"

美国《人物》杂志更是将张曼玉与奥黛丽·赫本和玛丽莲·梦露相提并论，声称"她们是当之无愧的伟人影后"，终将被时间"见证和铭记"。

关于张曼玉在电影史上的成就和荣誉，简直可以用"滔滔江水，绵绵不绝"来形容。再华丽美好的词，用在她身上，一点也不为过。

然而，我更为欣赏的，是她放弃电影成就之后的人生。

张曼玉接拍的最后一部电影叫《清洁》。

片中，她饰演一位摇滚女歌手。因为这部电影，她接触了很多音乐人，其中包括迪恩和布瑞塔夫妇。

迪恩和布瑞塔鼓励张曼玉唱歌，即便歌声不完美，也可以通过电脑技术来修补。

然后，电影中的她，顶着一个爆炸头，以颓废的形象唱了四首歌。这个角色让她获得了戛纳影后的头衔。

之后，她问做音乐的朋友："我不拍戏，去做音乐有可能吗？"

朋友说："你有东西要表达，你就试试看。"

于是，她推了很多邀约，准备从零开始创作歌曲。被她推掉的片约中包括《满城尽带黄金甲》和《让子弹飞》。

可是唱歌并不是一条容易的路，为此，她一消失就是十年。

十年的时间里，娱乐圈甚少传出有关她的消息，她却从来没有停止前行的脚步。

谈恋爱，像白领一样坐办公室上班，推出鼓励女大学生创新的基金项目，到昆明偏远地区支教，中间还花了整整两年时间学习剪辑、录音和在电脑上做音乐。

40 多岁出道做歌手，勇气可嘉，可敢于与她签约的唱片公司，需要更大的勇气。

这之前，她已经在 2001 年的央视春节晚会上，和梁朝伟一起演唱过《花样年华》。嗓音低沉，气息不稳，被很多人唱衰了歌手路。

我还记得当年本地报纸上对张曼玉当歌手一事的评价是，她敢当歌手，恐怕都没人敢签她。

可她最终签了沈黎晖的摩登天空，而且还是自己争取来的。"不是每个机会都会在门口等你，你必须要自己去找。"

她听了《董小姐》，于是一个电话打给了宋冬野。宋冬野将她推荐给沈黎晖。沈黎晖听了五六首小样后，直接对她说："你签摩登吧！"

然后，就有了以歌手身份，在草莓音乐节上现身的张曼玉。

"歌手张曼玉，光听名字就很酷。"

可音乐节首日，她一开嗓，就因走音严重，被人形容成"被上帝放弃的声音"。

两天后，她再次登台，说："今天会和前天一样，也还是走音的，但没关系，我连着二十几部戏都是花瓶，请给我二十次机会。"

那一天，张曼玉49岁7个月零3天，快到知天命的年纪了，应该知道什么可以做，什么不能做，但依然坚持着，只是为了将喜欢进行到底。

因为喜欢，才坚持；因为喜欢，才不出专辑，将时间浪费在宣传上。

《12道锋味》导演采访她："谁说你唱歌不好听？"

她坦白地说："很多人。"

导演说："如果有人说我唱歌不好听，我就不敢唱了。"

她说："正常来说，很多人都会害怕的。可你不试试你怎么知道？"

唱歌，不是一张唱片那么简单。对张曼玉而言，一个人是可以有三条命的。演戏是一世，做剪辑可以成为一世，做音乐当然也可以是一世。生命可以用自己喜欢的事来延长，谁说不是一大幸事呢？

她欣赏的歌手是艾米·怀恩豪斯。

这个27岁就死于非命的英国歌手，生得狂野，死得张扬，生前因为极端怪异的生活方式，引发了无数争议。可她完全不理别人怎么看她，自己想怎么活就怎么活。

张曼玉说，艾米是用感情来推动自己的人。

她欣赏用感情推动自己的活法。

所以现在的她，也开始随性。

麦草汁再健康，味道不好，她也坦承不是她喜欢的味道。

和谢霆锋在伦敦街头涂鸦，追求完美的谢霆锋准备几大桶黑漆，准备随时修改瑕疵，她却劝他闭上眼睛直接喷，别的什么都别管。

演戏的时候，她还是"时光雕刻的美人"。做歌手后，她跟男友一分手就被媒体大肆渲染晚景凄凉，连牵只狗散步都被说成"寂寞""失败"。

可是，她的快乐只有她自己明白。

就像刘嘉玲说的："她被指神情落寞，只是外面的人讲，可能她内心很充实、丰富、自在呢？"

我只能说，如今的张曼玉，早已不是演戏的那个张曼玉，可媒体仍在用演戏的张曼玉去揣测她，忖度她。

在我看来，张曼玉的人生已经到了一个常人无法企及的境界，就像她自己所说，她进入了另一条生命。这一世里，她随心随性，勇敢无惧，活得自我而潇洒，不会再将自己的人生交给别人去评判。

她，是个勇者。

4 ///

认识同学十多年，在我的印象中，她一直是一个有主见的人，不会轻易受他人影响。没想到一份工作，却让她丧失了自己的本性，跟着身边的人，随起了所谓的大流。

我说："我特别喜欢以前的那个你，思想独立，有主见，不轻易受别人的影响，只要是自己想要的东西，从不畏惧别人怎么看，怎么说……"

她说："人都会随着环境的改变而改变的。"

我说："人也可以往好的方向去改变啊。比如，不管别人怎么做，怎么说，坚持做自己认为对的事。"

她说："是吗？我已经快 30 岁了，还来得及吗？"

来得及。怎么来不及？张曼玉在决定做歌手的时候，都已经快 50 岁了。

掌控自己的人生，多晚都来得及。

我们毕竟是普罗大众，很多人做不到像苏菲·玛索那样，一生都将自己的人生牢牢控制在自己手中，至少，可以学习张曼玉，随时开始全新的生命。

我们生活中，常常会听到很多"别人都……你怎么还……"的句式：

"别人到你这个年纪都结婚了，你怎么还连个影儿都没有？"

"别人的孩子都打酱油了，你怎么还不肯去相亲？"

"别人都在机关单位安安稳稳地吃铁饭碗，你一个女孩子干吗要到外面去闯荡？"

"别人都安安分分地坐班，等卡钟到点打卡，你拼个什么劲？"

虽然这个世界有太多的条条框框，太多的"模范典型"，太多的"别人的活法"，但是身为女子，我们还是应该有自己独立的思考方式和生活方式。

这是一个释放自我的时代，只有独立、自立的人，才可以通过自身的努力掌控自己的人生，不被时代的浪潮所淘汰。

我们只需要记住，独立不是自私。与爱人和家人相处融洽，才是前提。

某种程度上，他们也可以成为你掌控自己人生的动力。

聪明的女人，懂得从男人身上学东西

1 ///

徐静蕾又携着自己执导的新片《绑架者》回来了。

上次出现在大众面前，已经是两年前。

那时她在访谈中大聊冷冻卵子，声称她找到了"世界上唯一的后悔药"。惊世骇俗的一举使得她被推上热搜。

这次她谈女人到底要不要结婚，新锐的观点再次将她推向公众的视野。

她已经 43 岁，还在恋爱阶段。

同期的"四大花旦"，赵薇早早结婚生子，拿起导筒执导电影，事业家庭双丰收。周迅情路坎坷，每一次都爱得轰轰烈烈，终与高圣远步入婚姻殿堂，过起了平平淡淡的日子。最不接地气的章子怡，也与汪峰共结连理，生下孩子，一夕之间从"国际章"变成了一位眼里只有孩子的妈妈，母爱泛滥。

唯有徐静蕾，工作跟玩儿似的，忽而消失好长一段时间，忽而做起手工，忽而又跑回来弄部电影拍拍，轻轻松松说几句话就能上热搜，引起网民热议。

你被激起千层浪，还在咀嚼她话里的意味，她已云淡风轻，又玩起了失踪。

高晓松曾这样夸她："徐静蕾是北京大飒蜜，光好看可不能叫飒蜜，这飒蜜不但好看，而且有一身那个范儿，才能叫北京大飒蜜。"

飒蜜是北京话，一般指五官清秀、面容姣好、大方洒脱、不卑不亢的姑娘。

她以偶像剧出道。《一场风花雪月的事》，处女作就开始出任女主角。

新媒体人马东曾说过："一个打算好好写点东西的人，像惊为天人这种词儿，一辈子用一次体验一下就好。"

第一次看到《一场风花雪月的事》里的徐静蕾时，他就"着急火燎地把这辈子唯一一次使用惊为天人的名额用掉了"。"后来每次在电视里看到徐静蕾演的各种剧，都会有一种打开了自家冰箱的感觉：'都是我的菜'。"

有人喜欢她的清纯，有人喜欢她的才华，有人喜欢她是事业型女强人，她却说，这些不过是些很简陋的标签，跟她没关系。

"你管我叫什么无所谓，你爱叫什么叫什么，因为我也不能改变你对我的看法，但这些词根本不会出现在生活中。"

至此，大家才明白，原来，很多人喜欢的，不过是所谓的人设，不是真正的徐静蕾。

真正的徐静蕾，不会为了迎合人们对她才女的人设，而去天天练字；不会因为自己到了该结婚的年纪就去结婚；不会担心男性怎么看她；也不会焦虑年老没有吸引力。

她把标签撕得一干二净，只想做自己。

她享受爱情，自己给自己幸福感，不需要用婚姻为自己谋求保障。

她不在乎年龄和岁月的侵蚀，不会将年轻和美貌当作女人最大的优点。

她活得自我，活得不传统，爱干吗干吗，不用唯一的标准去衡量别人，也不在乎别人用不用唯一的标准来衡量她。

她的导演作《一个陌生女人的来信》，主旨是：我爱你，与你无关。

她真实人生的主旨是：我爱怎么活，与你无关。

她活得明白、通透，是世间少有的生活范本。正因此，你担心她会承受舆论的压力，她却丝毫不在乎任何舆论。

"要是所有人都理解你，你得普通成什么样啊。"

网络访谈节目《圆桌女生派》上，43 岁的徐静蕾，在 28 岁的蒋方舟面前，依然光彩照人，从容淡定。

年龄不是她的负担。

大多数人觉得到了什么阶段就该干什么事，结婚这事也是人生必经之路之一。

蒋方舟奔波于各种相亲场合，将自己像商品一样，置于两性市场，供男人挑选。

她却不需要用婚姻来证明自己的幸福。

朋友结婚，她会买礼物，送祝福，一切只因为他们幸福，而不是因为结婚。

她目前不想结婚，但也尊重他人结婚的选择。每一种选择，都值得被尊重。

"我是觉得谁自己愿意干吗就干吗，没必要拿自己当一标准，去评价别人。"

这样的洒脱与豁达，也仅有老徐这一家。

2 ///

搜狐曾出过一篇特稿，揭秘了一个以赵宝刚、王朔、陈道明、姜文、冯小刚和葛优等影视圈大腕组成的"京城老男人帮"。

这个团体可谓是真正意义上的"男子天团"，基本集齐了国内最顶级的影视剧导演、演员和编剧，随便掷臂一挥，必定一呼百应。

这个顶级团体，拥有一个共同的女神——徐静蕾。徐静蕾不仅在事业上常与团体成员产生交集，就连生日宴的座上宾，都是冯小刚、王中军、王小帅这些人物。

"徐静蕾真是堪称'当代林徽因'"，原文这样评价徐静蕾。

赵宝刚说，徐静蕾是他们这拨人很喜欢的女性，首先是有才，不事儿，一副"大女人"做派。

所谓"大女人"，我理解的是自带光芒，不需要借助男人的光彩，也不需要男人的衬托。在某种程度上，她是可以与这些大咖比肩的。

此种意义上，徐静蕾与林徽因确实有很多相似之处。

冰心曾写过一篇小说，题名为《太太的客厅》。

李健吾在其《林徽因》一文中指出，所谓"太太的客厅"，不过是每个星期六下午，一些志同道合的朋友，以林徽因为中心，谈论时代的种种现象和问题。

这些志同道合的朋友都是些什么人呢？大学者张奚若、大翻译家梁宗岱、诗人冯至，以及后世熟知的胡适、徐志摩、金岳霖、朱自清、郑振铎、周作人、沈从文、萧乾等。放在今天，个个都是大师级人物。即便在当时，也是人人声名显赫，闻名全国的。

这些如今看来的大师级人物，都喜欢去林徽因的客厅，不仅仅是因为她长得漂亮，气质出众，更因为她学识渊博，有独立的思想。

萧乾说："徽因总是滔滔不绝地讲着，总是她一个人在说，她不是在应酬客人，而是在宣讲，宣讲自己的思想和独特见解。"

就连李健吾也毫不客气地指出说："她缺乏妇女的幽娴的品德。她对于任何问题感到兴趣，特别是文学和艺术，具有本能的直接的感悟。"

可见，林徽因的脑子，不似普通女人满脑子都是情情爱爱，觉得有情郎、金龟婿，以求终身有托。

林徽因的健谈，也不是已婚少妇的那种闲言碎语，流言八卦，而是"有学识，有见地，犀利敏捷的批评"。从不拐弯抹角，让人去琢磨她话里头的暗含意思。

用赵宝刚评价徐静蕾的原话，就是"不事儿"，有股男人的洒脱和光明磊落。

凡受男人追捧、在男人圈子里吃得开的女子，必定会遭到来自同性的嫉妒、诟病，甚至攻击。

公认情商高超的林志玲，深知同性对她的敌意，也要通过公主抱男星的方式，来证明自己是女汉子，以求拉近与群众的距离，博得路人好感。

林徽因则不。

冰心写小说讽刺她，她叫人带了一坛山西陈醋，送与冰心吃。搞得冰心不得不解释，说她写的其实是陆小曼，不是林徽因。

徐静蕾呢，以她的处世作风，必然是不会在乎那些闲言碎语和江湖传闻的。如她所说，她只会专注于做自己，享受自己的幸福生活。别人对她的看法，她改变不了，但也不会对她的生活产生任何影响。

都是受男人追捧的女神，又都是心藏风花雪月的文艺女青年，感情生活自然也精彩纷呈。

金岳霖住在林徽因家隔壁，两人日久生情。林徽因向丈夫梁思成坦白，自己可能同时爱上了两个人，不知道该怎么办。梁思成沉思了一夜，对林徽因说："你是自由的，如果你选择了金岳霖，我祝你们永远幸福。"

林徽因将梁思成的话转告金岳霖。金岳霖说："思成能说这个话，可见他是真正爱着你，不愿你受一点点委屈，我不能伤害一个真正爱你的人，我退出吧。"

三人各自表明心迹，反倒解除了芥蒂，来往起来更加光明磊落，和睦如初。金岳霖更是对林徽因一世情深，一生未娶。

世人皆羡慕林徽因受尽男人呵护和宠爱，说爱她的男人都对她太好。殊不知，没有人是可以无缘无故得到男人无条件的爱的。

她重情义，真性情，不掖不藏，对有利害关系的人，坦白自己的情感，不仅最大程度上表示了对对方的尊重，也同时直截了当地表明了自己的态度：我是很迷茫，很矛盾，但我尚未出现实质上的出轨行为。

徐静蕾则是与每一位前任都能成为好朋友。

在电影《有一个地方只有我们知道》的一次校园活动上，她透露，自己有一位20年前的男朋友，现在几乎天天通电话，现任也不介意。

参与《锵锵三人行》录制，再次提到前任问题，她也丝毫不回避："我跟我的前任们都是朋友啊。分手又不是一时冲动，分手肯定是深思熟虑后的结果，分手后各自都过得更好，为什么不能做朋友呢？我们不用把自己想得特别重要，人家离了你就一定过得不好——两个人在一起，主要看合不合适，对的那个人是把你好的那部分激发出来的。可能刚分手不方便做朋友，过一段时间，再做回朋友，感觉还挺好的。"

处理感情时，想得这么透彻，跟享受被追、被爱慕的大多数女子有着本质区别。

单刀直入，有事说事，从不让男人猜测自己的心思。这样的女人，相处不累，难怪受到那么多优秀男人喜爱。

3 ///

记者问徐静蕾，要获得男人的认可，什么最重要？

徐静蕾说："我觉得第一你不能太傻，对吧？然后第二我觉得其实很重要的是我不仰视他们……人和人之间，平视是很重要的。就是你不把别人当成神，或者你也不贬低别人，大家就是互相尊重。再有我还是挺好的，谁跟我当朋友也不丢人，我也不讨厌……其实我们看人，一个人对你是什么目的，他是怎么看待你，怎么跟你交朋友，你是很清楚的。就是我觉得跟聪明人最重要的是不能耍心眼，因为聪明人一眼就能看出来……"

总结出来，就是尊重对方，真诚，不耍心眼。

她自曝这是一个"很厉害的朋友"一直给她灌输的一个观念。这个"很厉害的朋友"，必定是男人无疑了。

英语里有句谚语，翻译过来是：与狼为伍者会学嗷。

长期浸淫在男人圈子里，耳濡目染也会显现出男人一般的胸怀与性情，连行事作风，都会带点男人的大度和江湖义气。

2007 年，王朔荣登"中国作家富豪榜"，版税收入 500 万元，却在媒体面前"哭穷"："都以为我有钱啊，其实我的房子是徐静蕾给买的。"

曹可凡问他："你为什么说你的房子是徐静蕾给你买的？"

王朔答道："确实是啊。你们上海的男的不给女的花钱吗？我们比京从来女的都给男的花钱，而且我是吃软饭出身的，我是软饭硬吃。就是谁有钱谁出钱，北京的女的我喜欢的一条，就是她们拿自己当男的。"

《印度时报》曾建议，女人可以从男人身上学习六个优点，概括起来就是，做事有逻辑，理性大于感性，适当保持沉默，不搬弄是非，有幽默感，勇敢面对现实生活。

徐静蕾样样都学全了。"当代林徽因"，她受之无愧。

4 ///

不论是民国时期的林徽因，还是现在的徐静蕾，这样的活法，都有点超脱世俗的味道。

有人说，她们太特立独行，不接地气，不具典型代表性。

其实也不过是担心自己做不到，先立个 flag，留个余地而已。

她们都是有大智慧的"大女人"，不把爱情和婚姻当作生活的全部，不把自己当"弱质女流"，在考虑问题和处理问题的时候，从来不会从性别的角度出发，而是公平地以"人"的视角来看待问题。

这种与大多数女人不同的思考方式，不得不说得益于长期围绕在她们身边的男人们，尤其是优秀的男人。

反过来，这样的女人，更加能够吸引到优秀的男人。

女人要想过好自己的一生，学习是一条必不可少的途径。而你学习的对象，可能此刻就在你身边。

向男人学习，不需要一定像林徽因和徐静蕾一样，整天流连在男人圈子里。更多的时候，你只需要一双善于发现的眼睛。

宠爱自己

浙江卫视真人秀《奔跑吧》里有一期，要求女嘉宾投票选择与她共同旅行的男嘉宾。轮到李晨时，六名女生全都投了他。

这种情况下，轮到李晨犯难了。六名女生各有特点，李沁、迪丽热巴、唐艺昕都清纯甜美，容祖儿和蔡卓妍幽默风趣，林志玲堪称女神。

女嘉宾为了拉票，使出了浑身解数。"我会撒娇。""我会帮你捶背。""我是旅行好伴侣。""我送你花。"……

最后，容祖儿获选，她的拉票宣言是："我不说话。"

姑娘们若是觉得林徽因和徐静蕾的活法太遥不可及，男人身上可学之处太多，无从着手的话，那就从接地气的容祖儿学起吧——懂得保持适当的沉默。

光这一招，就足以让你在一群喜欢闲言碎语和传闻八卦的女人中鹤立鸡群，引得男人刮目相看了。

第四章

勇敢去爱吧，

像从未受伤一样

相见恨晚的爱情，你要不要

1 ///

一个女人一生会遇到多少次爱情？如果婚后遇上爱情，那该怎么办？

我和先生新婚不久招待了一对从国外回来的朋友。

两人在大学时相识相恋，毕业后迅速结婚，到来我家做客时，孩子都能打酱油了。

时值盛夏，我早早起床熬好酸梅汤，用冰块镇凉了，放入冰箱冷藏室里收起来。一想起客人冒着烈日和暑气长途奔波而来，若是能喝上一杯冰凉的酸梅汤，那该会多冰爽啊！

考虑到女人有特殊的那几天，我将平时为自己熬制的生姜红糖水也拿了出来，客人来后，放微波炉里叮一叮就能喝了。

客人落座后，我询问他们喝什么，冰镇酸梅汤还是生姜红糖水？

两人异口同声说：酸梅汤。

话音刚落，老公望向老婆，说："你刚刚送走例假，还是喝生姜红糖水吧，这个对身体好。"

老婆撇了撇嘴，有点不甘："可是人家好热，就想喝点冰的爽一下嘛。"

老公耐心地哄老婆："今天我先替你爽一下，等再过两天，我亲自熬锅酸梅汤给你喝。"

老婆甜蜜地点点头。

饮料倒入一次性塑料杯，放在托盘里端到他们面前。两人几乎同时伸手持杯。

一手持温热的生姜红糖水，热气腾腾；一手持冰凉的冰镇酸梅汤，冷雾缭绕。

"咕噜咕噜"，几乎又同时，两人齐齐举杯，将饮料送往各自嘴里，连仰头的弧度都几乎如出一辙。

几杯下肚，两人边聊边顺手玩起了手中的塑料杯。"嘎吱嘎吱"，捏出的形状居然也像流水线上的复制品——一模一样。

我不禁悄悄跟先生感慨："这对夫妻，这么有默契，看样子是情比金坚，怎么拆都拆不散的。"

"你说得对，也不对。"先生压低声音，悄悄在我耳边说，"两口子一年前才经历了点挫折，差点就散了。"

原来，两人中老婆曾有过外遇，并声称外遇才是她的真爱，她要与老公离婚，勇敢追求真爱去。

后来是怎么平息下来的？老公做出了什么样的努力？老婆做出了

什么样的让步？外遇在其中到底扮演什么样的角色？我们没有亲历现场，当然不得而知。

庆幸的是，经过此役，两人能摒弃前嫌，和好如初，不得不令人心生敬意。

> 彭佳慧唱过一首《相见恨晚》：
> 在初次见面的一刹那
> 我已经知道彼此之间的那种感觉
> 眼神中的含义
> 无奈客观上的种种因素
> 又或者为坚持自己的所谓原则性
> 我真的没有勇气去追求心灵深处
> 那份寻觅已久的感觉
> ……
> 你说是我们相见恨晚
> 我说为了爱你不够勇敢
> 我不奢求永远永远太遥远
> 却陷在爱的深渊

一首歌一个故事。无疑，这是一首涉及外遇或是第三者插足的歌。根据歌词内容，完全可以脑补出一个痛彻心扉的故事：

女主与男主一见钟情，奈何女方或男方已有家室，两人无法无视家庭伦理道德，只能感叹一句：相见恨晚。

明明遇上了对的人，无奈卡在了错误的时间。有缘无分的遗憾，大抵如此。

所谓"恨晚"，恨的大都不是机不逢时，而是明明深爱却又爱而不得。

情不知所起，一往而深。爱到深处，却要受到道德上的煎熬。理智与情感的对撞是人生最无法感同身受的难题。

是该鼓起勇气，冲破一切束缚，追逐真爱？还是该发乎于情，止乎于礼？

是幸运还是不幸？茫茫 70 亿人海，寻寻觅觅，能觅到人生伴侣，已是万幸，奈何命运又要在情投意合的两人之间，竖立一道难以逾越的屏障？

爱而不得是种痛，怎样情爱到始终？

想到此，我倒是颇为佩服朋友慧剑斩情丝的决绝和珍爱眼前人的醒悟。

陷入爱中的女子，宛如深陷泥沼，欲拔不能。稍一失去理智，就容易突破道德的底线，无顾世俗的眼光，一猛子扎进去，不计生死。不求天长地久，但求曾经拥有。

然而，没有任何人有权利将自己的幸福，凌驾于另一个人的不幸上。舍弃自己拥有，或是抢夺别人所拥有的，都不是一个自爱女子的行为模式。

自爱，是一个女子在感情生活中最该保有的底线，也是属于女人的责任和担当，跟本性无关，跟道德也无关。

从此，我对这位朋友更多了几分敬意。

2 ///

自爱的女子，自有一股男儿郎的豪气和洒脱，懂得适时进退，更加懂得，爱情不是人生的全部，能活出真实自我。

民国时期的传奇女子吕碧城，将自爱发挥到了极致。

吕碧城风姿绰约，才华横溢，追她的人不在少数。谈到自己的择偶观，她曾对朋友坦承："我这一生可称许的男子不多，梁启超早有了妻室；汪荣宝也不错，但已结了婚；汪季新（精卫）年纪太小；张謇曾替我介绍诸贞状（宗元），他的诗作倒是很好，可惜年过四十，又太大了。"

四个例子，其中就有两个是已婚男人。

而在她的感情标准里，无论男子多么优秀，对于已有家室的，哪怕终身不嫁，也不可去招惹，足见其自珍自爱和大丈夫般的坦荡胸怀。

吕碧城所说的梁启超，就是那个近代著名的民主人士之一。他是民国时期最著名的女子林徽因的公公，诗人徐志摩的老师。

徐志摩与陆小曼结婚，请梁启超做证婚人。梁启超推迟不得，但也没给爱徒留下一点情面。

徐陆婚礼当天，梁启超当众批评徐志摩："你这个人性情浮躁，所以在学问方面没有成就；你这个人又用情不专，所以你再婚再娶，以后务必痛改前非，重新做人。"

稍后又道："徐志摩，陆小曼，你们听着，你们都是离过婚的人，都是过来人！今后一定要痛自悔过，祝你们这是最后一次结婚。"听得满堂宾客瞠目结舌。

客观事实上，徐志摩和陆小曼都是背弃了他们各自第一次婚姻的人。虽两人都算为爱勇敢，但同时也拆散了两个家庭，毁了两个家庭的幸福。这在倡导"一夫一妻"民主思想的梁启超看来，简直是忍无可忍。

之所以话放得这么狠，不仅因为其思想倡导，在我看来，跟他的自身经历也是有关的。

你猜得没错，梁启超也曾差点发展出一段婚外情。

3 ///

梁启超在美国檀香山处理保皇会事宜的时候，设宴招待他的是，一个何姓侨商。何家正有一位妙龄女子，叫何蕙珍。

何蕙珍天生丽质，文采斐然，从小接受西方教育，毕业于美国名牌大学，中文英文都相当好，自然而然成为梁启超此行的同声翻译。

何蕙珍倾慕梁启超已久，常在英文报纸上发表文章为他辩护。今朝天赐良机得以与意中人相见，内心已是紧张万分。

临别时，她小心翼翼地试探："我十分敬爱梁先生，今生或不能相遇，愿期诸来生，但得先生赐一小像，即遂心愿。"

梁启超依约将照片赠予她。她回赠了亲手织绣的两把精美小扇。

不久后，朋友暗示梁启超与何蕙珍结合，说会给他的事业带来极大帮助。梁启超回道："我敬她爱她，也特别思念她，但是梁某已有妻子，昔时我曾与谭嗣同君创办'一夫一妻世界会'，我不能自食其言；再说我一颗头颅早已被清廷悬以十万之赏，连妻子都聚少散多，怎么能再去连累人家一个好女子呢？"

此乃梁启超心声，却让何蕙珍深刻认识到梁启超的可贵之处。不负妻子，不连累其他女子，这个男人有责任心，对婚姻忠诚，人品靠谱，是值得托付终身的。只可惜，自己生不逢时，相见恨晚啊！

既然爱慕他，就要尊重他的思想与选择。再次与他见面，何蕙珍已经放下了心里的芥蒂，落落大方地对他说："先生他日维新成功后，不要忘了小妹。但有创立女学堂之事，请来电召我，我必来。我之心惟有先生。"

这是临别前的嘱托，也算是一次告白吧。虽知你我没有可能，将内心情感表白出来，就当作不留遗憾吧。从此一别，可能再无机会相见了。

她依依不舍地与他告别，与自己的爱恋告别，殊不知他早已对她情愫暗生，为她写下二十四首情诗，将对她的赞美和思慕全融入了诗句之中：

颇愧年来负盛名，天涯到处有逢迎。

识荆说项寻常事，第一知己总让卿。

世间安得两全法，不负如来不负卿。做不了爱人，只能把你当一知己。

对于梁启超，辜负知己的情意，未尝也不是一种痛。

香港散文大家董桥，在其散文集《墨影呈祥》中讲到梁启超的婚恋，提起何蕙珍在听说梁启超夫人病逝之后，曾专程从美国回来看他，他"依然婉拒她的深情"。

何蕙珍表姐夫梁秋水都忍不住责备他"连一顿饭也不留她吃"！

而刘禹生则在《海豚书馆：世载堂杂忆续篇》中提到："另据其他资料，是启超向其求爱，何女则知使君有妇，遂以文明国律不许重婚而拒绝之。梁作诗'一夫一妻世界会，我与浏阳（指谭嗣同）实创之；尊重公权割私爱，须将身作后人师'来解嘲。因之另一诗则说：'含情慷慨谢婵娟，江上芙蓉各自怜；别有法门弥阙陷，杜陵兄妹亦因缘'来聊以自慰而已。"

到底是谁拒绝了谁，各家所言，已经无从考证。唯一可以肯定的是，这是一段令人唏嘘的错缘。

郎有情妾有意，偏偏造化弄人，令有情人不能终成眷属，只能在心底保存那个不能说的秘密，不可谓没有遗憾。

但也正因了"发乎情，止乎礼"，两人都守住了道德这条防线，没有令这段际遇变成一桩丑闻，反而成就了一段佳话。

4 ///

人人都说婚姻是爱情的坟墓。一个曾经万般美好的女子，在寡淡无聊的琐碎中耗尽青春与灵性。

当曾经嘘寒问暖的爱人，回到家两脚一甩，往沙发里一窝，便自顾自看电视刷手机，连看你一眼都让你感觉是恩赐的时候，哪个女子心里会没有落差？

入了婚姻的坑，原本以为心也跟着一半入了土，这时候杀出一个人，拿着爱人当初对你的万般好来仰慕你，怜惜你，懂得你，你敢保证你的心真的不会再次跳动起来？

女人到底感性多于理性，心中有暗涌是一定的，情感有煎熬是一定的，道德上有挣扎也是一定的。

自爱的女子当然知道，一场有缘无分的际遇，最终只能像同一站台开往不同方向的火车，各奔前程。

美国作家罗伯特·沃勒在《廊桥遗梦》里说："爱情的魔力虽然无法抗拒，若因为爱情而放弃责任，那么爱情的魔力就会消失，而爱情也会因此蒙上一层阴影。"

悄然而来的感情，也该让它戛然而止。

这个章节其实还隐藏着另一个主题：如何令爱情保鲜？

国外有一网友曾在社交网站 PO 过自己的真实经历。

她与男友相恋八年，感情已经趋于稳（ping）定（dan）。忽然有一天，男友对她说："我们交往这么多年，我到今天才发现，原来你不是我的真爱。真爱应该是那个你见到后，会让你的心像小鹿一样乱撞的人，可是亲爱的，我现在见到你，完全没有那种感觉呢。"

说完，留给女友时间收拾衣物，自己夺门而出，寻找真爱去了。

她收拾好自己的物品，给男友留下一张字条。回家的男友看到字条后，即刻将她追了回来，从此不离不弃。两人感情不但没有破裂，反而越来越浓，每天都在网上发糖，撑死一堆单身汪。

你一定会好奇是什么样的内容让她的男友回心转意。那么，我就满足你的好奇心吧。

她写的是：人人都想找真爱，却没人想过将自己变成真爱。

将自己变成爱人的真爱，每天沉浸在爱的光辉里，你的内心防线就会高高筑起。

有缘无分的爱，本来就是用来错过的。

当然，谁都有追求幸福的权利。如果你的感情对你而言已形同牢笼，追求真爱是值得鼓励的。

只是，请办到一点：找真爱之前，先结束牢笼的囚禁，好吗？

任何形式的牢笼，都不足以成为一个人不道德的借口。

女人和男人到底有没有纯友情

1 ///

女人跟男人之间到底存不存在纯友情?

很多网友说,男女之间所谓的纯友谊,不过是一场戏,一个扮演不说破,一个装作浑然不觉。能维持多久? 全靠演技。

倩云和一个高中男同学是多年好友。十二年来两人从未断过联系。

她单身住出租屋的时候,他每次去找她,都会在她的房子里里外外前前后后转几圈,检查有没有老化漏电的电线,有没有需要更换的灯管,下水道堵不堵,水管漏不漏水,马桶冲水流不流畅,天然气管道有没有老鼠啃噬的痕迹……

一发现纰漏,能自己动手的,就卷起袖子,埋头大干。自己搞不定的,立马请专业师傅上门维修,十足一个"二十四孝"好男人。

两人都还没有结婚的时候,我们都劝她,要不干脆跟这位男同学过好了，人家工作稳定，收入不低，长得又帅，关键是对她的事还这么上心。

倩云总摇摇头说："没感觉。"

到后来她嫁了，他婚了，各自找到自己的幸福，组建了属于自己的小家庭。两对夫妻相聚吃饭，她老公提议吃刺身，还是他提醒她老公，倩云胃寒不能吃生冷食物。

倩云曾向老公坦白过她与同学的关系，所以老公也还好，大方表示自己以后对老婆要更细心，就过去了。

可他的老婆就不一样了。一顿饭下来，她的目光简直能从倩云的眼睛穿透到后脑勺。

有朋友说："我要是她老婆，也会用眼光杀死你。你知道网上征集对老公红颜知己的看法时，女人们都怎么回答吗？——见一个灭一个。"

倩云摆摆手："何必那么苦大仇深？就因为性别不同，男女之间关系好点，就要往情爱方面去怀疑，那同性之间还有同性恋一说呢。都把感情想得非黑即白，那人跟人还能不能好好相处了？"

话虽如此，人们对男女之间的友情难免产生意淫心理，尤其当两个人郎才女貌，看上去格外登对的时候。

这样的例子在荧幕 CP 频出的娱乐圈，尤其多。比如奥黛丽·赫本与格里高利·派克，再比如凯特·温丝莱特与莱昂纳多·迪卡普里奥。

2 ///

大概是《罗马假日》的遗憾太深入人心，人们都特别渴望有着天使面孔的奥黛丽·赫本，能够真的和格里高利·派克这样的深情绅士，延续落难公主与屌丝记者之间的浪漫，走到一起。

曾经，坊间还盛传一篇奥黛丽·赫本暗恋格里高利·派克的鸡汤文。文传两人的定情信物是蝴蝶胸针。赫本葬礼时，派克不仅深情告白，还作为赫本的抬棺人出席了葬礼。

然而事实是，赫本的遗物清单中，从未出现过蝴蝶形状的胸针。赫本葬礼的抬棺人名单中，也没有格里高利·派克。

事实上，赫本的第一任丈夫，还是派克介绍的。

好好的一部戏，停留在大银幕上即可。当事人是君子坦荡荡，吃瓜看客却意犹未尽，只好脑补剧情。

李碧华形容这样的感情是："有时人们会忘记了现实和戏剧，有时记得但不在乎。"

前半句献给脑补了赫本与派克故事的作者，后半句则要送给执迷不悟的杰克和露丝 CP 党。

但凡看过《泰坦尼克号》的人，无不为杰克与露丝这一对璧人动容。他们俩几乎承载了整整一代人对爱情的信仰与渴望。

他们曾说出了爱情最壮烈的誓言："You jump, I jump！"

在光与影的镜头下留下了爱情最美的画面：两人站立船头，他揽住她的腰身，她张开双臂，任由披肩在海风中飞舞。他贴近她耳边轻轻唱起："来吧，约瑟芬，我的飞行器……"

人们痛心于电影中两人阴阳相隔的结局，乐见有情人终成眷属，于是将对杰克与露丝的遗憾，寄托到扮演他们的演员身上，希望凯特与莱昂纳多能将戏里的情分延伸到戏外。

人人都知道，莱昂纳多和凯特关系特别要好。

莱昂纳多在一次又一次采访中，反复提及，与凯特在《泰坦尼克号》中的吻，是他心目中最完美的银幕之吻。

凯特在 2009 年的金球奖颁奖典礼上，获得最佳女主角时，更是在大庭广众之下，向全世界宣告："Leo，好高兴我可以站在这里，告诉我有多爱你。我爱你爱了 13 年。你在片中的表现无可挑剔。我全心全意地爱你。真的。"

人们说，凯特应该是爱过莱昂纳多的吧。大喜过望的时候人特别容易吐露真言，13 年的深爱终究是埋藏不住才会当众表白的吧。

在奥斯卡影帝的征途上，莱昂纳多陪跑 22 年，终于于 2016 年凭借《荒野猎人》荣登影帝宝座的时候，台下的凯特十指交叉于嘴边，深情地凝望着台上的他，激动得热泪盈眶。

看着比莱昂纳多更难以自持的凯特，人们更加确信，凯特是深爱莱昂纳多的。

也难怪人们产生无限遐想。这两人在相识之初就从来没有避讳过彼此之间的亲密关系。

凯特在接受采访的时候，回忆两人拍摄《泰坦尼克号》时，曾亲密到畅聊那件不可描述的事。

"我们常常晚上躺在同一条毛毯下，彼此谈着很亲密的事情。譬如关于那方面。我们问彼此在这方面的经验，然后给对方建议。Leo会讲：'啊？你这么做男人会不舒服的，应该这样这样。'然后我也给他说类似的话。"

因为拍摄需要，凯特在水中来回跑了20多趟，因此身患肺炎，其中辛酸可想而知。可她却说："Leo的吻技让我化解了所有辛酸。"

莱昂纳多1997年接受《今夜娱乐》采访时，也坦言："整体上来说，她是一个很不错的人。我们之间在戏里的化学反应很自然。我们都喜欢彼此。每次拍激情戏，我们都要笑死了。"

人们喜欢看到他们想要看到的画面，记者的镜头也会投其所好，捕捉到人们想要看到的瞬间。

每当凯特和莱昂纳多同框，人们都会高呼："杰克和露丝！"

尽管莱昂纳多从来不缺女友，身材火辣的超模女友走马灯一样换了一个又一个；尽管凯特嫁了又嫁，第三次婚礼还是莱昂纳多以父兄的角色，将凯特送到新婚丈夫面前，人们还是止不住心中的幻想和期盼，揣测莱昂纳多最终还是需要一个凯特这样知性稳重的女友，才能稳定下来。凯特和儿女们也只有跟Leo叔叔同框时，才像极了一家人。

可是，友情就是友情。友情之所以能够长久，就是因为它不掺杂爱恋。

凯特在接受英国版《嘉人》时说："坊间流传，我们俩是一见钟情，卿卿我我的暧昧也很多，不过他们要是听到我这话肯定要失望的——我们是纯友情。他总把我当哥们，我也从没有个女孩子的样子。我们互相支持是因为，那时我们都还年轻，都需要面对超快节奏的拍摄过程，压力非常大。"

当事人都已经澄清了，人们却依然在揣测，是不是凯特减肥成功，能与超模媲美了，莱昂纳多才能接受凯特？

呵呵。

除了不带表情地笑，我实在想不出一句合适的话来反驳。

与其说男女之间没有纯洁的友情，只有暧昧，我更相信，是世俗的脑洞容不下男女之间的友情。

3 ///

诚然，现实生活中不乏以友情的名义爱着一个人的人。可这样的关系中，友情不过是维系关系的一个幌子。

一旦说破，成了，则美其名曰，友情升华成爱情；败了，可能连普通朋友都做不成。

不论成与否，友情已经名存实亡。

很多女子跟男性朋友之间都曾有过约定：到了 N 岁，如果你未娶，我未嫁，那我们就在一起吧。

所谓约定，不过是害怕自己年华老去，尚未觅得良人，转而在最信任的朋友身上寻找安全感而已。

林心如与苏有朋约定在 40 岁。40 岁时，她嫁给了霍建华。

舒淇与张震约定在 35 岁，等到 37 岁，他却另娶佳人。

梅艳芳和张国荣约定在 40 岁。40 岁那年，他先坠楼殒身，她随后因病痛追随而去。

其间的爱有几分？只有当事双方心里明了。

真要和一个人定终身，情到深处即可，又何必约在一个令自己尴尬的年龄？

男人和女人之间爱恋，需要的是承诺。

约定，更多的是出于友人间的疼惜和关怀，是异性以友情的方式在告诉你：不论能否觅得良人，你都要相信自己。你值得被爱！

我们问倩云，和男同学这么好的关系，两人又分别都是大龄婚配，当初有没有过这样一个约定？

倩云抿嘴一笑，嘴角边写满了坦荡和释然："约定倒没有，不过确实有过那么一瞬间，脑海里闪过'如果跟他在一起，我们会怎么样'的念头。只是，转瞬即逝，后来再不曾有过了。"

单身女子的孤独寂寞芳心，藏着对自己年纪渐长的恐慌，却也从来不会因此失去对自己未来精彩人生的幻想。幻想中，可以有无数可能。

但理智依然会告诉自己，友情可能只是可能。

不然，也不用等到青春即将荒废的年纪。

爱情是经不起太长的等待的。

4 ///

我相信这世上也有不少友情升华成爱情的例子，可万一爱情退后一步，你失去的不仅仅是一个恋人，还有可能是一个知己。

爱情有回不去的时候，爱过的友情却是再也回不去了。

还不如让那些本该待在友情界限内的人，待在原地，至少可以相伴更久，甚至也许是一生。

来来往往的恋人和一生的挚友，相较而言，有时挚友更懂得我们的需求，也可以提供更长久的支持和安慰。

一生爱恨那么多，可也不得不承认：有的人，真的只适合做朋友。

勇敢地尝试，也许只是徒劳。

"绝望主妇"泰瑞·海切尔就曾做过这类无用功。

她是《绝望的主妇》里美丽可爱的苏珊，曲线玲珑，身材火辣，内心善良坚强，有着紫藤花一样甜美的笑容。

泰瑞·海切尔扮演苏珊时，已经处于不惑之年。在这之前，她最著名的角色是邦女郎和超人女友。

谁都不曾想到，一个40岁的中年主妇会在荧幕上刮起一阵旋风。《绝望的主妇》开播的那个年头，泰瑞·海切尔扮演的苏珊成为观众心目中最喜爱的主妇角色。她本人也因此角色包揽了电视剧颁奖礼上所能得到的几乎所有奖项。青少年选择奖、艾美奖、金球奖、美国演员工会奖，无一遗漏。

更让人意想不到的是，在接演苏珊这一角色之前，她曾一度沉寂，事业低迷，经历了离婚，还带着一个女儿过着混乱的日子。

她有着一长串失败的约会经验，每段经验都堪比一集肥皂剧。其中在其自传《烤焦的面包》中记录的一段将朋友发展为恋人的失败经历，读来让人忍俊不禁。

她有一位邻居，在书里化名奈德。她和奈德是"有那么一点迹象发展成为男女朋友"的。

情人节这天，奈德约她看电影。

电影开场前，她提议去山上公园走走。可车开到半路熄火，联系不到拖车，朋友又都在外地约会。于是，两人决定步行走回家。

走到一个站牌，正巧一辆公交车路过。两人上了车，坐了一站才发现坐反了方向。下车后，发现机场距离很近，便搭乘出租车去往机场。到了机场发现有往返拉斯维加斯的促销活动，又搭乘飞机即兴去了拉斯维加斯。

于是，一次浪漫的情人节电影约会，被两个太过随性的家伙，活生生整成了一段飞往赌城的公路逃亡之旅。

到达赌城，两人才发现拉斯维加斯正逢会议季节，所有旅馆客满，下一个航班要等到第二天早上六点半。无奈之下，他们只好垂头丧气，在街上漫无目的地行走。

她埋怨他把自己"拖进这个倒霉的行程"，他恼火她任性，难伺候。

两人无事可做，不得不到赌场赌一夜。到登机的时候，谁都不想跟谁说话了。回到家，两人沉默着，各回各屋。

这次不愉快的旅行，让泰瑞意识到，两个随性的人做朋友，会时常为对方带来新鲜感，可如果想成为恋人，其结果只有得到不快。

经过这次尝试，她认为，跟奈德还是做朋友来得更轻松。于是，奈德成为她终身的朋友，以及她女儿的法定监护人。这段憋屈的经历，也成为两人互相打趣的话题，为他们的友谊"增添了不少色彩"。

瞧，原本就是朋友的关系，还是回到朋友的位置更牢靠，让人感觉更轻松。

5 ///

这么看来，女人和男人之间是可以有纯友情的。

其实，男女之间的友情纯不纯，完全不需要向任何人证明，当事人心胸坦荡便好。

你当他是"男闺密"，他当你是"女哥们"。有需要的时候挺身而出，拔刀相助。岁月静好的时候，各自怜取各自的眼前人。

即便不能天天相见，日日为伴，在正确的距离外默默相伴一生，也不失为一桩美谈。

到底男女有别，有些地方还是要避忌，有些界限还是需要划分明。

男女之间是友情？是爱情？从来都不难分辨，难以分辨的是人心。

所有以友情的名义行暧昧之实的人，不仅不自信，而且心眼多，心思过于细腻。不论是跟他做朋友还是做恋人，必不得轻松。

爱就是爱。关怀就是关怀。如果连这两点都分辨不清楚，还有什么资格谈爱？

恐怕谈关怀，都有点侮辱友情的嫌疑。

请君谨慎甄别，小心防范。

这个话题得分两部分说。

对于自己有蓝颜的姑娘，请把持好你与蓝颜的界线。如果想让自己的感情和婚姻更长久一点，有些底线绝对不能碰：

身体上的亲密举动和那方面的事，你懂的。

对蓝颜，精神可以依恋，可身体绝不能沦陷。

事实上，对男朋友和老公以外的人产生精神依恋，只能说明自己内心太过空虚，无处可以寄托。

这样的姑娘，我会奉劝她们多学点东西，或读点书，让自己的生活丰富多彩起来。

所谓自爱，是让自己变成一个更值得爱的人，而不是寂寞空虚的时候，自己去找个人来爱。

对于老公或男朋友有红颜知己的姑娘，我想告诉你，你只需记住一点：无论他在外面有多少红颜，他明媒正娶的太太是你，他大告天下的是与你的关系。

仅这一点，便足以证明你在他心目中的地位。

剩下的，只要信任他就好。

信任他的人品，信任他尊重你，信任他对你们之间的关系会负责到底，信任他真的爱你。

只要你和他建立起信任，哪怕真有人作妖，相信你们的关系也牢不可破。

综合说来，其实也只有两个字——珍惜。

那些终身未嫁的女子，都过了怎样的一生

1 ///

我身边有很多年过三十依然单身的姑娘。

每个姑娘的境遇不同，单身的原因也不尽相同。她们都面对过七大姑八大姨逼婚的压力，都像蜜蜂一样忙碌地参加过各种形式的相亲，有的经历过几段令人心碎的感情，有的感情世界至今依然是一张白纸。

清水是我以前的同事。她有着一双新垣结衣的眼睛，笑起来时弯弯的，能闪出星星。温柔灿烂的笑容，一笑能笑出两只醉人的酒窝。

她烧得一手好菜，做出的鲫鱼汤像牛奶一样洁白鲜美，水煮肉片光听着滋滋滋的声音就让人垂涎欲滴。

她温柔乖顺的外表，包裹着一个倔强叛逆的灵魂，喜欢征服，不喜欢被征服。

她是我的朋友圈里年纪最小的单身姑娘，也是最着急着想结束单身状态的姑娘。

她喜欢上一个 37 度男人，同时也是一个不主动、不拒绝、不负责的"三不男人"。

要命的是，男人已经有了女友。更要命的是，男人和女友分分合合，令她总以为自己有机会乘虚而入。

在男人与女友第 N+1 次分手，清水正式告白仍然遭拒之后，她才意识到，自己一直以来都是男人的备胎，而且还是最没可能的那种。

可她放不下。

她终归还是不甘心这么久的守候最终付之一炬。然而，她也深知，他不是她的真命天子，不想再将青春浪费在无望的守候里。只是她有点焦虑，不知道未来会以什么样的方式到来。

她常常问："我会不会就这么单身下去，一直嫁不出去？"

她的大姨结婚的时候已经四十有二，姑姑遇到姑父的时候也是三十八九的年纪，父母结婚时都超过了 35 岁。

家族里超晚婚的"基因"，令她对自己的未来充满恐惧和担心，害怕自己不能像家人那样勇敢地对抗孤独的日子。

我想说：即便一辈子不结婚，那又怎么样呢？会死吗？人当然总是要死的，可生活难道会因为你不结婚就过不下去吗？

可我不能说出这样的话。作为一个已婚女子，这样的说话内容显得太没有同理心。

于是，我跟她讲了几个故事。

几个终身未嫁的女子的故事。

2 ///

这个故事的主角叫简·奥斯汀。

她应该是这世上最了解爱情与婚姻的人。《理智与情感》《傲慢与偏见》《曼斯菲尔德庄园》《爱玛》《诺桑觉寺》和《劝导》，每一部作品，都在探讨爱情与婚姻之间的关系和矛盾。

她的睿智和风趣是公认的。事实上，她不仅情商高，颜值也不低。

现存的她的唯一一张画像，是姐姐亲手帮她画的，那年她35岁。

画像中，她将双手交叉在胸前，目视右方，自然卷曲的头发，包裹着一张圆润饱满的脸庞，明亮的双眼透出智慧的光芒，微微下垂的嘴角微露轻蔑，仿佛随时随刻要对人反唇相讥。这幅画像，将她的智慧和内心的挣扎展现得一览无余。

她15岁正式进入婚姻市场，不仅家庭背景优越，教养良好，而且擅长刺绣，会弹钢琴，会唱歌，会画画。此外，还是个舞蹈高手。简直称得上多才多艺，色艺双绝。

这样的女子，怎会缺乏男子的追求？

20岁的一个夏天，她在她所处时代的相亲大会——舞会上，认识了一名年轻的陌生男子。

男子邀请她跳舞。他们跳啊跳，心无旁骛地凝视着彼此，毫不避嫌地坐在一起。

整个夏天，他们没日没夜地跳舞，将"能做出来的最不检点和令人震惊的事"都做了。

这个爱尔兰小伙子名叫汤姆·勒弗罗伊，即将成为律师。可他没有钱，读书靠亲戚资助，连未来的事业也要依仗亲戚，根本没有能力娶一个像她这样经济条件一般的女子。

那个夏天一过完，他就回家了，后来娶了一位富家小姐。

而她，为此难过了五分钟，一切就烟消云散了。

聪慧如她，很早就看透了自己所处时代婚姻的本质——唯利是图。那个时代的婚姻，仿佛一场交易。一桩好的婚姻，只有一个标准——能够为自己带来金钱，让自己从此过上好日子。她的三个兄弟都是"好"婚姻的受惠者。

那个时代，男子尚可通过自己从事的职业养家糊口，而女子，只能依附于父亲或丈夫获得金钱。没有钱，就没有自由。所以，女子一旦进入适婚年龄，就得想办法为自己找到一个"好"丈夫。

显然，汤姆不是她的"好"丈夫。

她的未来"好"丈夫不久就出现了。

哈里斯·比格，豪华的米内顿庄园的男主人，向她求婚了。

她在米内顿庄园做客，和男主人的姐妹们喝橘子酒。

酒意上来，渐渐微醺。姑娘们开始追逐嬉闹，从一个房间跑到另一个房间。

她嬉笑着拉上房门，将姑娘们关在门后，发现他也在房间里，背对着她。

她说："你姐姐妹妹肯定喝了不少酒。"

他转过身，神情紧张，说："你可以把你姐姐接过来，还有你的母亲。简，嫁给我，做米内顿庄园的女主人，好吗？"

她说："好的。"

可是第二天一早，她就在雨中，坐上马车走了。

她退了婚。

在同龄女子眼中，哈里斯的确是一个不错的归宿。他优越的条件，令任何女子都没有理由拒绝。

可当夜深了，酒醒了，头脑冷静下来后，她才发现自己不爱他，不能强迫自己跟一个不爱的人生活在一起。

她见过太多无爱的婚姻。身边那些凭借美貌觅得"好"丈夫的女子，不过是有钱人装点门面的摆设，大多得不到丈夫的关爱。她们所处的生活，堪比服苦役。

因为她的这个决定，母亲埋怨了她15年，说她是个宠坏了的孩子，自私自利的大小姐，完全不顾家人的死活。

她也曾挣扎过。在离开米内顿庄园后，她在日记中写道："告诉我，我的选择是对的。告诉我，改变主意是对的。上帝啊，请别让我为今日所做的决定抱憾终生。"

她深深知道，凄惨的无爱婚姻，是她的心理所承受不起的，可光有爱又是不够的。她不是自己笔下的伊丽莎白，也等不来自己的达西。

最终，她还是不愿为了金钱出卖自己。

后来的她，又陆续有过求婚者，也动过心，但都没有令她产生相守一生的冲动。

长期以来的拮据生活，令她深知经济基础对于婚姻的重要性，可她又是个细腻敏锐的人，奉行真爱至上主义。

对于她这样的女子，婚姻就像是一场赌注，是输是赢，全凭运气。

可在小说里就不会。她可以创造出像达西这样既富有又深情款款的完美绅士，将自己寄情于女主角，在自己的笔下，谈一场不后悔的恋爱，获得生活的希望。

爱人会死去，金钱也会散尽，只有梦想是永恒的。

于是，她选择了自由，将自己嫁给了写作这一梦想，过上了自己想要的生活。

她用自己的经历告诉我们，真爱是多么可贵，而做出这样的选择，她从未后悔过。

临死前，她曾向姐姐告白："我唯一后悔的是，我就要死了，却没有什么能留给你和母亲。我现在的生活，是我想要的，是上帝对我的安排。我没想到，我会这么享受这种生活。它给予我的快乐，远比我应该得到的要多得多。"

3 ///

接下来这个故事的主人公，是薛涛。

成都望江楼公园的西北角，有一片竹林。竹林深处，有一个环形墓碑，碑上刻字：唐女校书薛洪度墓。

这便是薛涛墓了。

相传，薛涛墓上的墓志铭原由段文昌所题，墓碑刻字"西川女校书薛涛洪度之墓"。

一个古代女子，碑文称谓不是"先妣""先室"，题名也非"某门某氏"，而是有出身有职业，姓、名、字俱全。这在历史上，是绝无仅有的。

就连简·奥斯汀的碑文上，对她作家的身份都只字未提。

她"容姿既丽，才调尤佳"，是才貌兼备的奇女子，8岁便能吟出"枝迎南北鸟，叶送往来风"这样的佳句。

可也因为这佳句，一诗成谶，沦落风尘。南来北往，送往迎来，可不就是风尘女子的写照吗？

唐宋时期的歌伎，虽卖艺不卖身，可也要抛头露面，强颜欢笑，婉转应酬达官贵人，红袖掩尽辛酸泪。

安意如说，像薛涛这样的女子，还是做歌伎的好。因为寻常男子配不上她绝色的姿容和才情，也难有心胸包容她做个才女。

在风尘烟花之地，她的才情不但没有被淹没，反倒因着文人贵士的眷顾，崭露头角，脱颖而出。

适逢唐朝重臣韦皋出任剑南西川节度使，她受召前来助兴。

接过当场赋诗的命令，她神态自若，思寻片刻便提笔写出一首《谒巫山庙》：

乱猿啼处访高唐，路入烟霞草木香。

山色未能忘宋玉，水声犹是哭襄王。

朝朝夜夜阳台下，为雨为云楚国亡。

惆怅庙前多少柳，春来空斗画眉长。

他不由得暗自佩服。

此诗不似普通烟花柳巷女子辞藻堆砌的浓词艳赋，也没有闺阁小姐痴怨缠绵的小女儿情状，竟有一股男儿的大丈夫胸襟，"工绝句，无雌声"。而且，小小女子，即兴赋诗便能一挥而就，可见其才思敏捷。

他顿时动了怜惜之心，让她入了乐籍，作为官伎入住幕府。

她从小接受良好教育，举止大方得体，蕙质兰心，常常协助他处理公文。他颇为惜才，一度想奏请封她为校书郎，事虽未成，"女校书"之名却流传开来，成为一段佳话。

她成为幕府的大红人，却并不快乐。他与她似兄妹，似知音，似爱侣，终究又尊卑有别，什么都不是。

她想改变现状，却又对现状无力，只好改变自己。于是，她被风评"恃宠生娇"，得罪了不少人。

由于她深得他的宠爱，很多人为求见他而贿赂她。到底是年少不经事，她以为只要不是搜刮来的民财，收下点并非大事。谁知他勃然大怒，一气之下，将她发配至松洲，充为营伎。

她以为，他怜惜她，宠爱她，是她避风的港湾。没想到一朝跌入谷底，他竟不念半点旧日情分，置她于边塞苦寒之地而不顾。

至此，她才明白，自己不过是仰仗他人鼻息才得以一时安宁，自己是一无所有的。

放眼眼前的荒凉大漠，她顿感绝望，不惜自降身格，忍辱写下《十离诗》，将自己比喻成犬、鹰、马等失宠的玩物，以此向他请罪。

他顾念旧情，终于将她召回，恢复了旧日荣宠。

经此一劫，她已学会收敛。无奈天有不测风云，他病逝，她被再次流放至边疆，幸得故人相救，为她脱离乐籍，获得了自由身。

此后，她迁居成都郊外浣花溪，过起了轻松闲适的日子。

浣花溪自古是制笺胜地。唐时人们写诗，多用纸张，不仅浪费，而且不甚美观。她采集木芙蓉皮为原料，兑入花汁，将小笺染成红色，制成了流芳百世的"薛涛笺"。

她盛名在外，虽已脱离乐籍，很多文人雅士依然慕名而来。后世熟知的元稹、白居易、杜牧、刘禹锡等，都曾是她的座上宾。其中，元稹更是与她发展出一段情。

元稹风流倜傥，才华横溢，31 岁入川便对她一见倾心。

虽然大了他 11 岁，这个写出"曾经沧海难为水，除却巫山不是云"

的男子，依然令她激情澎湃，神魂颠倒。

他们在一起过上了"双栖绿池上，朝暮共飞还"的日子。然而快乐总是太短。三个月后，他被调离四川，从此便再没回来过。

聪慧如她，又怎会不明白，自己毕竟大他那么多，美人迟暮，又出身风尘，对他的仕途没有半点益助，何苦为一个薄情之人而哭？

从此，她脱去红裙，换上一袭道袍，远离尘世的繁华与喧嚣，隐居吟诗楼，从容淡定地走至生命终点，享年73岁。

纵观薛涛这一生，颠沛流离，波澜起伏，始终身不由己。难得在万丈红尘中得遇知己，兜兜转转，却落了个所托非人。

她身边从不缺少仰慕她的达官贵人，但她也深知，他们不过是仰慕她的才名，是他们闲情雅致时玩赏的装饰品。

男人嘛，像门前的柳絮一样，"他家本是无情物，一住南飞又北飞"，都是朝秦暮楚的。

看透这一点，心自然就淡了。

4 ///

同样选择终身不嫁的女子，国外还有一代传奇巨星葛丽泰·嘉宝。

她的脸被誉为人类进化的终极脸庞，三次获得奥斯卡最佳女主角提名，却在事业的巅峰期宣布息影，过起了离群索居的生活，直至寿终正寝。

此外，"童贞女王"伊丽莎白一世，为了巩固王位，平衡各国势力，主动放弃婚姻，换来了大不列颠帝国的崛起。

被誉为"近三百年来最后一位女词人"的民国奇才女吕碧城，将毕生精力都献给了女权运动，提倡"解放妇女，男女平权"。

还有甜歌天后邓丽君、百变天后梅艳芳……

纵观这些女子，他们都有两个共同特征：其一，独身是她们的主动选择；其二，都有可以投入毕生心血的梦想和事业。

世人多喜欢用普世价值观来衡量一个人的幸福，认为终身不嫁的女子都有怪毛病，下场也必定凄惨。

所谓的凄惨，说来说去，不过是一个"孤独终老"。

然而，主动选择终身不嫁的人，一定是耐得住寂寞、不畏惧孤独的。

这是对世俗的蔑视，也是对自己强大内心的检验。更多的可能是，她们自己已经很完整，不需要依仗另一个人使人生得以圆满。

就像《生活大爆炸》里，谢尔顿所说："人穷尽一生追寻另一个人类、共度一生的事，我一直无法理解。或许我自己太有意思，无须他人陪伴。"

结婚还是单身？为了爱而结还是为了婚而结？

生命的形式有千万种，大多数人却拘泥于同一种爆款活法，忽略了绽放在角落里的小清新。

选择而已，没有对错，更无所谓遗憾，做了决定就必须承担其结果。

快乐不快乐？幸福不幸福？只有自己知道。

生活是自己的，别人的评价，就留给别人吧！

不论是主动选择剩下，还是被剩下，除了爱情和婚姻，女子还可以有很多事做，比如事业，比如梦想，比如挣很多很多的钱，让自己没有后顾之忧……

人不可能永远活在别人的言论里。

按照他人的期待去生活，又实在太委屈自己。

婚姻不是完美人生的标配，与其急于结束单身，不如好好想想，怎样才能让自己过上体面而有自尊的生活。

在找到这个问题的答案之前，也许应该先问问自己，你到底是需要婚姻，还是需要另一个人给你带来安全感？

如果是前者，那么一切只能随缘，我祝福你。

如果答案是后者，我想，你应该先让自己的心完整起来。安全感只能自己给自己。

没有安全感的人步入婚姻，会被婚姻的琐碎和平淡折磨得不成人形。

而只要内心丰盈，哪怕是没有婚姻和爱人相伴，生活也可以呈现出多姿多彩。

当你不再需要另一个人给你安全感的时候，反而更容易维持一段成熟的感情。

这个时代，真正可怕的不是单身，而是自己都嫌弃自己，觉得自己没人要。

美好的女子永远知道，爱自己才是终身的浪漫。

勇敢去爱吧，像从未受伤一样

1 ///

"去他的个性不合！想要分手就明说，老娘我也不会死乞白赖地缠着他。大不了再找一个，谁没了谁还活不下去？"

柳儿一口闷下一杯芝华士，眉头都不皱一下。杯子狠狠往台面上一扣，使个眼色，要朋友帮她斟酒。

朋友犹疑片刻，怯怯地问："还要纯的？"

柳儿抢过酒瓶，自己给自己倒，倒好即仰脖闷下。不知道内情的，大概以为这姑娘多豪气干云。

事实上，也确实如此。

兑了红牛的芝华士，我用舌尖舔了两下，就跟大伙申请喝纯红牛。

还没等大伙来得及集体鄙视我，柳儿就将一罐红牛扣到我面前，说："今天你替我喝红牛，我代你喝芝华士。"

要是在平时，大伙肯定不干。可今天柳儿失恋了。我们都得依着她。

柳儿又闷下一杯，举起双臂，摇摇脑袋，喊声："跳舞去！"不等大家回应，就自顾自下舞池，头发甩甩，腰肢摆摆，一副旁若无人的样子。

朋友说："她没事吧？"

我说："放心。今晚可能会疯一点，不过明早醒来，又会是一条好汉的。"

柳儿是我非常欣赏的一个女子。她的情感真挚浓烈，放得开，收得快。爱的时候，全身心投入地爱。不爱的时候，说分开就分开。

从十几年前认识她的那一刻起，我发现她的爱情就像装上了开关一样，收放自如。

当然，每个人的爱情都有开关。可我们很多人的开关，一旦开启，就接受不了黑夜来临前关闭的那一刻；抑或是，一旦关闭，便难以再次期待新的黎明。

柳儿不一样。她爱得疯狂，痛得疯狂，痛完后又正常得叫人想发狂。

下一场爱情来临的时候，她照常疯狂地去爱，就像从未受过伤害。

因为她的存在，我知道这世上有一种坚定的信仰，叫作爱情。

2 ///

我们看到过太多错误的爱情版本。很多女子，失了恋，离了婚，就再也不相信爱情了。

她们畏畏缩缩，害怕再次受到伤害，一味沉浸在痛苦里，无法振作，无法再前行，将自己变成痛苦的奴隶，躲在角落里舔舐失败的伤口。

詹妮弗·安妮斯顿与布拉德·皮特离婚后，大众一度认为他们心目中永远的瑞秋，从此就要一蹶不振，永远地躲在她那间海边小屋里疗伤，不再出来了。

可人们都错了，受情伤后一蹶不振，既不是瑞秋的风格，也不是詹妮弗·安妮斯顿的作风。

她是《老友记》里人人都喜爱的瑞秋，第一集一出场，就以婚纱的新娘造型惊艳了全世界的观众。

罗斯刚失了婚，坐在中央咖啡馆的沙发上，对一帮老友说，自己还想再结婚。

咖啡馆门被推开，进来一个身穿白色婚纱的女子。她提着裙摆，慌慌张张地来到吧台前询问着什么。

满脸的胶原蛋白，忽闪明亮的眼睛，轻蹙的眉头，纯真可爱的笑脸。从她拥抱罗斯的那一刻起，她不仅占据了罗斯的心房，也在我们心中留下了一个永恒不灭的身影。

从此，我们爱上她穿婚纱美美的样子。

与布拉德·皮特结婚时，她身披婚纱，幸福而满足地凝视着眼前人甜甜地笑。影迷都说，全世界，再没有人穿婚纱比她更美了。

可再美的新娘也熬不过七年之痒。

她和布拉德·皮特当年，已经是一对"黄金夫妻"，然而半途插入一个在好莱坞影响力巨大的安吉丽娜·朱莉，离婚之事闹得沸沸扬扬，甚嚣尘上。

为了躲避媒体采访，她搬到朋友家借宿，一连多天不出房门。

于是有传言说，她精神崩溃，进医院了。

后来上奥普拉节目，奥普拉开玩笑说："我本来一直过得好好的，然而自从你来了，直升机就开始在我头上盘旋。你的每一步都有人追踪，这是种什么感受？"

在这次访谈中，她正面回答了离婚事件对自己的影响。"我明白了一件事情：一个人，爱的能力越大，受伤后的痛苦也就越大。""我很清楚爱能伤人，但我还是愿意去爱。"

在这场闹得满城风雨的离婚事件中，人们支持她，同情她。

根据莎拉·马歇尔所著《好莱坞甜心——詹妮弗·安妮斯顿传》记载，那时有商家为分别支持她和安吉丽娜·朱莉的两个阵营设计了T恤，分别叫作"安妮斯顿帮"和"朱莉帮"。

市场行情是，每卖出25件"安妮斯顿帮"，才能卖出一件"朱莉帮"。

可她并没有扮演一个受害者的角色，而是不断反省自己，检讨自己在这段感情中的不安全感，没有埋怨谁，也没有责怪谁，更没有站在受害者的道德制高点去指责谁。

每个人都要经历成长，成长必定伴随着受伤的阵痛。心上有裂痕的人，依然可以变得坚强。

之后，她先后经历了文斯·沃恩和约翰·梅尔，友好地跟他们分了手，依然像个渴望浪漫的少女一样渴望爱情，勇敢地去追求爱情。"我不喜欢巧克力。我爱鲜花。想俘获我的心？那就送我些牡丹或兰花吧。什么价位的我都不介意。"

2015 年 8 月，她和交往四年的男友 Justin Theroux 在自家豪宅，举办了一场秘密婚礼，再次勇敢地踏入爱的领地，接受爱的考验。

婚礼没有公开，我们没有看到她再次披上婚纱美美的样子。

但从之后路透出的新婚夫妻合照和两人公开同框的画面，我们看到了一个跟 20 年前的瑞秋一样美、一样甜的安妮斯顿。

敢于爱的女子，连时光都不忍怠慢她。

3 ///

在这个兵荒马乱的年月，爱情堪比胜过爱马仕铂金包似的奢侈品。

劈腿，出轨，外遇，异地，说不清孰重孰轻的房子车子，辨不明谁对谁错的婆媳矛盾……爱情，像个腹背受敌的伤残士兵，四面楚歌，十面埋伏。

一场战斗下来，留下苟延残喘的那口气，疗伤自愈都不及，想要再一次放手去爱，又谈何容易？

比感情的失败更甚的，是一种被遗弃的羞辱感，无可名状的孤独感和不可遏制的愤怒。

每个人都需要为自己的情感埋单。在看不到尽头的黑暗隧道，睁眼闭眼，看到的都是绝望。

"绝望的主妇"苏珊·梅尔的扮演者泰瑞·海切尔，与前夫乔恩签署离婚协议后，形容自己陷入了"灰色地带"。

泰瑞曾在电视剧版《超人》里扮演超人女友露易丝，是一名风风火火的报社记者，干练，热情。

电视剧播出期间，她那头垂顺光泽的齐锁骨短发，成为我们女生间艳羡不已的谈资。

人人都在猜测她用什么牌子的洗发水。每次梳头的时候，都会模仿她在剧中的样子，左右甩甩头，问同伴："你看我像不像露易丝？"

33岁那年，泰瑞当选为美貌与身材并重的"邦女郎"，和杨紫琼共同出现在《明日帝国》里，一袭黑色蕾丝装束出现在邦德面前，娇艳得可以滴出水来。

泰瑞在事业风生水起的时候，一度选择了结婚生子，息影在家养育孩子。

她和第二任丈夫乔恩·坦尼，共同生活了九年，终因聚少离多，感情出现裂痕而分道扬镳。

纵然两人结婚时，丈夫经常不在身边，婚姻可谓是名存实亡，可离婚也并不是一件轻松的事。

她已经38岁，没有工作，以她的年纪在娱乐界，可以说连工作的希望都很渺茫。此外，有一个女儿要抚养，将自己全部收入的一半分给前夫，都是她需要面对的现实问题。

有很多个夜晚，她躺在厨房的地板上，不停地哭泣。为了发泄情绪，往自己的胃里塞进数不清的垃圾食物。

朋友说她长期灰头土脸，她觉得自己陷入了一个"没有什么地方是清晰的"灰色地带。在那里，太阳有时候"好几天、好几周、好几月甚至好几年不出来"，每天早上的起床和穿衣都变得异常艰难。

有时，光着身子站在镜子前，她自己都会怀疑，还有谁会想跟这样的自己在一起。

生活逼迫她再次重拾事业。这次她凭借《绝望的主妇》里善良又可爱的苏珊，成功翻身，一举成为美国观众心目中最受喜爱的主妇。

事业的成功令她重拾自信，脸上重现昔日的光彩，生活开始变得有条不紊，然而她依然无法说服自己去认识新的男人，跟男人约会。

《海上钢琴师》导演朱塞佩·托纳多雷说，如果一块表走得不准，那它走的每一秒都是错的。但如果表停了，那它起码每天有两次是对的。

在恋爱这个体验上，她犯了太多错。如今怕了。怕自己每一步都走错。

直到有一天，女儿的医生劝她去约会。

那次，她带女儿去检查身体，结果，医生却把她叫到一边，问她过得好不好，有没有交男朋友。

她以为医生要给她介绍男朋友，坦白承认自己已经很久没有约会过。

不料，医生说："你应该谈恋爱。爱默森（泰瑞女儿）需要知道健康的男女关系是什么样的。"

如果只是身边朋友的劝说，你可能当成耳边风，任它吹一吹，一笑就过了。可当自己女儿的医生，出于孩子健康考虑，以命令的口吻劝说你勇敢去爱的时候，人就会有更多的动力。

一个人谈恋爱都需要医生来劝说，说来也是挺可笑的。不过，泰瑞还是决定照医生的话去做：战胜恐惧，敞开自己，承受可能到来的伤害。就像打开烤箱，你可能被烫到。但也只有冒着被烫到的风险，才能烤出香甜的蛋糕。

有时，你被烫到了，出炉的蛋糕也糊了。

这之后，她经历了一长串失败的相亲和约会，其精彩程度比晚间八点档的肥皂剧，有过之而无不及。

朋友给她介绍了一位百万富翁。对方没有结过婚，还拥有一家私人飞机，却将可卡因当作自己的长期情人。

她约会了一个作家。等被狗仔拍到，上了头版头条，打电话给对方道歉的时候，在电话里，听到了对方女友大发雷霆，扬言要搬出去的声音，她才知道，对方正在跟其他人交往。

还有一个男人，见了几次面，就直截了当要她为他生孩子。

……

从离婚到现今，遭到媒体公开的男友有四位，而她在自传《烤焦的面包》中提过的约会对象则不下十个。

每一次失败，都教会她一件事，让她树立一个新的目标。

男人希望感到自己被需要，她下次就不再自己拎重包了。男友送她手链，她也开始戴上了。约会吃完饭，她也不再抢着埋单了。

她还是跌跌撞撞，不断遇上错误的人，不断受伤，却也开始不断成长，不再害怕付出，不再害怕爱了。

就算没有结果，就算遍体鳞伤，她依然怀抱希望，继续前行。

如此勇敢坚强的女子，即便未觅得良人，生活也必定多姿多彩，了无遗憾。这样的一生，也算值了吧。

4 ///

睁眼感觉不到天亮，东西吃到一半莫名其妙哭一场，时间变得漫长，日月会无光……

梁咏琪在感慨"原来爱情这么伤"的时候，也不忘给自己打气，"瞎了眼还要再爱一趟"。

装满痛苦的心是接收不到爱的。好的女子，不会用别人错误的选择来封锁自己。

也许会痛苦，也许会心伤，可你始终得相信：你值得拥有更好的人。不管你看没看见，总有人懂得你的好。当他靠近时，你需要做的，只是放开手去拥抱。

你也不必费力弄清自己到底相不相信爱情，只要努力地去爱，并让他感受你的爱，就好了。

曾经路过你的世界的人，既然选择了不做停留，他就不是那个对的人。

你只有将世界里的空间腾出来，才能让对的人在合适的时间进入。

每一个痛哭过的夜晚，终将迎来新的黎明。

经过一夜的疯狂，柳儿已经清醒了。

她在镜子前收拾好自己，化上精致的妆容，提上小挎包，出门前回头对我们嫣然一笑："我上班去啦！晚上见！"

柳儿振作起来了，你呢？

如何跟痛苦的过去说再见？

你就承认吧！

承认你伤心了，怨恨了，愤怒了，悲哀了，恐惧了，承认失去他让你对未来很害怕，承认自己小心眼不肯原谅他。不用扮大方，不用装淑女，不用去介意别人会怎么想，想哭就痛痛快快哭一场。承认你的失去和痛苦，是对自己疗愈的第一步。

你就动起来吧！

出门走走，上街逛逛，和朋友出去喝喝咖啡，给自己新添几件漂亮衣服。你值得更好的。你配得上更好的。

你就微笑吧！

眼泪已经给了那个离去的人，那么微笑就留给下一个即将到来的人吧。

也许过程艰难，可你终会举起一只手，朝过去的方向挥舞。

只有将再见说出口，转过身你将看见一整个宇宙。

谈恋爱用心，嫁人要用眼

1 ///

爱情和婚姻到底有什么区别？

年少的时候看《射雕英雄传》，觉得穆念慈太作太矫情，杨康那么爱她，她一定要他放弃荣华富贵，跟她回到牛家村过乡野村夫的苦日子。可怜了从小在养尊处优的蜜罐里长大的杨康，一边是唾手可得的王位，一边是要满足条件才能得到的心上人。在易和难之间，无论是谁，选择一条容易走的路，都情有可原。

那时心智未开，只道是爱情嘛，确定爱了便是，什么身份、地位、门户背景、文化知识、能力才干，只要双方之间有了爱的基础，有什么是冲不破的？哪怕是涉及民族大义之类的大是大非，你也可以利用好彼此之间这层关系，将他拉回正义阵营啊！

明明爱得为了他连自己命都可以不要，偏还找出种种理由将他往外推，你说是不是矫情？你说她作不作作？

人啊，总需要经历许多事，才明白，爱情并不是人生的全部；总需要见过很多人，才知道，有些人爱过了，只能成为一段经历，成全不了你的人生。

科学家说，爱情是荷尔蒙一分钟的荡漾。遇见爱情的那一分钟，大脑分泌出的苯基乙酸、多巴胺、去甲肾上腺素、内啡肽、后叶催产素和加压素，让人一时间头疼脑热，心跳加速，跳着跳着，心就跟着所爱之人飞了出去，从此不是自己的了。

你的心跟着爱人在天堂来了一场七日自助游，远离了世俗的喧嚣打扰，领略了天堂的绮丽风光，打开了新世界的大门。两颗心正优哉游哉，玩得不亦乐乎，忽然生活给你敲了一记警钟："姑娘，七天时间到了，该把心收一收，回来脚踏实地地过日子了。"

没眼见的"生活"，就像大多数姑娘约会前换衣服时，在抽屉里不经意拂过的纯棉内裤。它一直在提醒着她一个不得不承认的事实：虽然蕾丝内裤性感诱人，可还是纯棉的穿起来最舒服。

爱情和婚姻的区别，大抵就在蕾丝与纯棉之间吧。

2 ///

好的爱情多半是奔着结婚的目的去的，而好的婚姻也多半是以爱情开头的。谁不想将一段爱情的开头，延伸到婚姻的永恒中去呢？

可爱情和婚姻终究是有区别的。选择爱情，婚姻终究熬不过柴米油盐的零碎；选择婚姻，爱情徒留擦肩而过的遗憾。

大部分情况下，世间没有不负如来不负卿的两全法，有的只是一双辨人识人的慧眼。

爱情是吸引法则，为了吸引对方注意，双方都竭尽全力将自己身上的闪光点展现出来；到了婚姻生活中，目标已经达成，人自然会松懈，久而久之，身上的缺陷才通过日常细节一一展现出来。

从爱情到婚姻，人还是那个人，只是一旦关系发生改变，我们看人的角度就会改变，从而对人的要求也会随之发生变化。

这样的例子，最典型的莫过于玛丽莲·梦露和她的第二任丈夫乔·迪马吉奥。

认识乔·迪马吉奥的时候，乔·迪马吉奥已经是美国家喻户晓的棒球明星了。

那时，她才26岁，刚刚在好莱坞闯出了点名堂，崭露头角。对棒球一无所知的她，为芝加哥棒球队拍摄了一组宣传照。照片中，她身穿短袖热裤，玲珑身材毕现，手持球棒，或随意扛在肩头，手腕球员手臂巧笑倩兮，睥睨众生；或微侧身躯，上半身略微前倾，持棒微笑，一副"尽管放马过来吧"的从容自信。

这组照片，一经刊登到报纸上，就惊艳了迪马吉奥的晨曦时光。经过朋友的介绍，他很快对她展开猛烈攻势，体贴温柔，几乎随叫随到。

在梦露的自传《我的故事》中，记载了她对迪马吉奥暗生情愫的一幕。

两人受共同的朋友之邀出来吃饭。迪马吉奥身穿灰色套装，打了条灰色领带，还有一缕花白头发。要不是朋友告诉她，他是名棒球运动员，她还以为他是钢铁巨头或议员什么的。

他跟她打了声招呼，整个饭局都寡言少语。梦露留意到他领带上的特别之处，问他："你领带结的正中间正好有一颗蓝色波点，这要花你不少工夫吧？"

他只是摇摇头，一言不发。

这个人，跟梦露之前接触过的人截然不同。围绕在她身边的男人都喜欢夸夸其谈，想尽办法将众人的注意力吸引到自己身上，而眼前这位，低调，沉默，沉稳，给人一种莫名的安全感。

吃完饭离开时，迪马吉奥忽然问梦露："我可以送你到门口吗？"

梦露默许了。送到门口，他又问："我可以送你上车吗？"

到了车边，他又打开了话匣子："我住得不远，也没有车，你可以送我到酒店吗？"

她当然乐意之至。可才开了五分钟，她就开始情绪低落了，因为她不想让他下车，不想看他走出她的世界。于是，车以龟速缓慢地到达了酒店门口。

关键时刻，迪马吉奥说："我还有点没尽兴，要不我们再兜会儿？"

一时间，梦露心如雀跃，幸福得都要晕了，可表面上，她依然镇定地说："今晚夜色不错，很适合兜风。"

两人开车绕着比佛利山兜了三个小时。迪马吉奥向梦露坦白，看了她拍的那组棒球宣传照后，对她印象深刻，并当面夸梦露很美。

听到迪马吉奥夸自己美，梦露心里真是美滋滋的。

梦露说："我们俩太像了。我的公众形象和乔的伟大之处都只是表面的，跟我们的真我本性毫无关系。我不知道乔怎么看我，但我这边，不论是他的外表还是个性，我都是全身心地爱着的。"

郎有情妾有意，两人顺理成章地步入了婚姻生活，而婚后截然不同的生活方式和习惯，以及不同的事业追求，最终令这场天作之合仅维持了九个月。

梦露不拘小节，自由随性，刷牙不盖牙膏盖，出房间不关灯，内衣常常随地扔。而迪马吉奥一丝不苟，生活井井有条，实在受不了梦露这般的散漫和随性，常常为了一点琐事跟她争吵。更甚的是，迪马吉奥一直不希望她在外抛头露面，卖弄性感，想让她安心做个家庭主妇，远离好莱坞。

拍摄《七年之痒》中那场著名的地铁站通风口的戏份时，迪马吉奥接到朋友电话，赶到片场探班。

妻子的白色长裙在通风口被高高扬起，内裤几乎一览无余。这个镜头反反复复拍了几次，围观的人群吹着口哨，高声喝彩。戏一拍完，人们就推搡着请梦露签名，而一旁将全程尽收眼底的迪马吉奥，脸上却是"死一般的表情"。

当晚，有摄制组的同事听到梦露屋里传出来的争吵和咆哮。第二天，又有人看到了梦露脊背上的瘀青。

两人的矛盾无法调和，最后只得以离婚收场。两人朝夕相对，了解是一个必然的经过和结果。

爱，因为你是梦露；离，因为你是梦露。正所谓，因陌生而相爱，因了解而分开。

一个人再善于隐藏，也难免在亲密相处中露出蛛丝马迹。

其实，号称智商高过爱因斯坦的梦露，早在与迪马吉奥结婚之前，就看出了两人之间有太多不可逾越的隔阂和无法消融的矛盾。她表示："乔和我为了结婚的事商量了很久。我们都知道这场婚姻不易。我们没法一直保持'天作之合'的样子。这场婚姻，为我们各自的事业，都可能带来伤害。"

为逃避这场婚姻，她也曾做过努力，与罗伯特·斯莱泽私奔。

罗伯特·斯莱泽一直是梦露最信赖的人，后来成为一名编剧、导演兼制片人。他们情深义厚，落难时互相帮助。为了帮梦露的表演课交学费，斯莱泽一边坚持写作，一边兼职做临时工。摘棉花、当侍应生、搬运香蕉、修建油井，什么苦差他都做过。

两人逃到了与墨西哥相邻的边境城市蒂华纳，找到一家律师事务所，花30美元买了两枚戒指，10美元找到两个证婚人，并用三分钟的时间，完成一场清汤寡水的婚礼。

仅仅三天，梦露就被电影公司找到，被迫解除与斯莱泽的婚约，并不得不与众望所归的迪马吉奥结婚。

"我本不该嫁给乔。我根本不可能成为意大利人理想的妻子。我嫁给他是因为可怜他，他看起来是那么可靠，那么害羞。"提起这段婚姻，梦露不无悔意。

如果当初能跟斯莱泽一起走下去，这个曾经与她患难与共，懂她并且竭力呵护她的理想的男人，至少能在事业和梦想上给予她无限支持和保护吧。

就算梦露有一双慧眼识得良人，深知跟什么样的人才能安稳余生，可惜身不由己，身在演艺圈，有时连婚姻都难免沦为一场演艺。

3 ///

演艺圈的梦露嫁给不该嫁的迪马吉奥，是身不由己。而孙多慈没有嫁给不该嫁的徐悲鸿，则归功于自己的父亲孙传瑗的一双慧眼。

这是一段令无数人不胜唏嘘的旷世奇恋。徐悲鸿一生中最重要的三个女人，蒋碧薇、孙多慈、廖静文，属孙多慈距离他的职业生涯最近。

两人在艺术上的成就都令世人瞩目。徐悲鸿自不必多说，孙多慈则是一个全能画家。她深得徐悲鸿的真传，国画的山水、人物、花卉神形兼备，无不工妙。她画的鹅还被称为"台湾一绝"。

她到纽约参加艺术研讨会，得知徐悲鸿突然病逝的消息，当时就昏厥了。她关起门哭了三天，还为他戴了三年孝。其间细节虽不为人知，但此情此景，闻者无不动容。

年轻时候的孙多慈算得上是一位美少女，女作家苏雪林曾赞她："白皙细嫩的脸庞，漆黑的双瞳，童式的短发，穿一身工装衣裤，秀美温文，笑时尤甜蜜可爱。"

苏雪林也写道："孙多慈何其幸也，才出家门，甫进画坛，就遇到了徐悲鸿亦师亦父般的看顾和提携；但她又何其不幸也，他们之间，很快就突破师生之谊成为儿女情长。"

徐悲鸿著名的画作《台城月夜》，创作于1930年，描绘的就是两人一起时的情景：他席地而坐，她侧立在旁，颈间纱巾随风舞动，俨然一对璧人。

这幅画成了他们爱情的见证，可惜后来据蒋碧薇所言，被白蚁腐蚀，尽管一再修补，画还是坏了。

师生恋无论放在今时还是往日，都是一件惊世骇俗的事，更何况，徐悲鸿身边，当时已有一位相伴相随多年的妻子蒋碧薇。

蒋碧薇18岁与徐悲鸿私奔，一路东渡日本，辗转到法国巴黎，在他人生最艰难困苦的时期，与他共甘共苦，颠沛流离，浪迹天涯，并为他生下一双儿女。虽未三媒六聘，举办正式婚礼，但已形成事实婚姻，在当时是个公认不争的事实。

两人恋情闹得满城风雨，孙家当然也听到消息。

孙多慈的父亲孙传瑗曾是孙传芳的秘书，后任大学教授、教务长，出了不少书，是个知书达理、深明大义的人。

蒋碧薇在回忆录《我与悲鸿》中写道，孙传瑗曾特地来到南京，要求见见徐悲鸿，后又到徐悲鸿家中见蒋碧薇。

此行之后，孙多慈便从学校的女生宿舍，搬到了校外石婆婆巷的一间出租屋，孙多慈的母亲也搬过来和她同住了。

据时任中央大学校长罗家伦的女儿罗久芳回忆，孙传瑗曾要求校方帮忙拆散徐悲鸿和孙多慈。

孙多慈的表妹陆汉民回忆说："孙多慈和徐悲鸿发生恋情的消息传到了安庆，我的姑父姑妈十分反对。我们是一个旧式家庭，他们绝对不能接受女儿爱上一个有妇之夫。"

孙多慈从大学毕业之后，家人将她接回安庆，在安徽省立女中当老师。

据陆汉民回忆，徐悲鸿曾瞒着蒋碧薇偷偷到过安庆。他请学生李家应帮忙约见孙多慈。孙传瑗一听，当即扔下筷子，一拍桌子，说："不许进门！"经孙多慈母亲劝说，孙传瑗才同意两人见面，但条件是徐悲鸿不能跨入孙家大门。

为了获取孙传瑗的信任，徐悲鸿不惜单方面登报，解除与蒋碧薇的"同居"关系，不肯承认与其多年的婚姻事实。没想到事与愿违，引起舆论一片哗然不说，孙传瑗还据此断定徐悲鸿缺乏男人应有的家庭责任感，不相信自己的掌上明珠跟着他会幸福。

后经王映霞介绍，将女儿许配给当时的浙江省教育厅长许绍棣，才算为"慈悲恋"彻底画上了句号。

因为许绍棣的身份，孙多慈才终于有了安稳宁静的创作环境，以及后来在艺术上的功成名就。徐悲鸿逝世后，孙多慈为他守孝，用实际行动，表达了一个妻子最大的理解和包容。

很难想象，两人若真结婚了，以孙多慈温柔乖巧的个性和徐悲鸿骚动不安的自由心，会是什么样的结局？

依照徐悲鸿追女的套路：定制刻字戒指——取新名——画肖像，他已成功俘获了蒋碧薇和孙多慈。此外，还有因种种历史原因没有留下浓墨重彩的几次露水情缘，以及后来明媒正娶的廖静文。没有蒋碧薇那么强大的内心，孙多慈能经得起几次徐悲鸿的多情？能经得起几次被登报脱离关系？

爱情只有爱，可一场婚姻必须要有努力经营的责任心。在这一点上，孙多慈的父亲孙传瑗，毕竟久经世事，比女儿看得深切，透彻。徐悲鸿或许可以给她爱，但也只有许绍棣才能成全她。

4 ///

爱情只需两个人你中有我，我中有你。玛丽莲·梦露爱乔·迪马吉奥，孙多慈无疑对徐悲鸿也是有情的，然而婚姻是一场经久不息的战斗。它树敌众多，敌人有外遇，有难以磨合的价值观、世界观和人生观，有两个人不同的命运轨迹，有各种零零碎碎的日常，更有岁月这个打不死的大 BOSS。

当一分钟的荡漾渐渐平息，头脑趋于冷静，心跳恢复常速，就只能指望两个人的共同努力来平复平地而起的波澜了。而努力，必须以人品、包容度和一个人的家庭责任感为基础。

杨康失了大义，终被穆念慈所弃；乔·迪马吉奥缺乏包容心，终与玛丽莲·梦露分道扬镳；徐悲鸿没有家庭责任感，终没能跟孙多慈成有情眷属。

一个男子是否值得托付终身，恋爱交往时一定会以各种细节告诉你。只是头脑发热的时候，很多人只想着未来的愿景，有意为自己的双眼蒙上一层粉红色面纱，去粉饰某些不可忽视的小节，最后落了个自食其果的下场罢了。

人们常说，眼睛是心灵的窗户。可见，心和眼本是相通的。

无可否认，每个恋爱中姑娘的心都是炽热的，眼是粉红色的。可轮到嫁人的时候啊，你的眼睛可不能骗了你的心！

情感上，我非常欣赏爱情至上主义，甚至很是钦佩那些为了爱情，敢于赴汤蹈火、以身试险的姑娘。

然而，这到底是一个兵荒马乱的现实世界，有情饮水饱的面纱，永远掩饰不了七零八落的日子给爱情带来的千疮百孔。

如果你觉得是爱情冲昏了你的头脑，让你不能控制你自己，那么你设置出底线，一项一项对照着查验就好了：例如，有家室的男人不能嫁，和前任牵扯不清的不能嫁，沾染黄赌毒任何一点的不能嫁，人品太差的不能嫁……

你看，一旦问题变得具体起来，难度是不是就小了很多？

如果你实在辨不清，也可以多听听身边人的意见。毕竟，旁观者清。从他们看人的角度，可以看出你有意无意忽视的很多细节，从而帮你更全面地认清一个人。

不过首先，你得聪明到辨别出，他帮你到底是出于嫉妒，还是出于真心。

说到底，你所能依靠的，还只能是你自己。识人之术，辨认之明，是我们一生都在学习的话题。

尽管如此，我还是一直有一个心愿：但愿全天下的好姑娘爱上值得爱的人，嫁给值得嫁的人！也但愿姑娘们爱的人和嫁的人，都是同一个人！

爱人又不是敌人，何苦一定要势均力敌

1 ///

我熟识的一位医生仁心圣手，帮助很多人恢复健康体魄，甚至令濒临破碎的家庭重拾希望，笑语满堂。

他接诊病患（尤其女性病患），有一个规矩：必须有人陪同，一齐应诊。或男友，或老公，生活中关系最亲密的人即可。

闺密被乳腺囊肿折磨得不成人形，辗转武汉、上海、北京各大医院，排除了恶变的可能之后，得到的诊断都是同一个：以目前的医疗水平，乳腺囊肿是没有特效药的，只能选择手术切除。

虽然医生一再强调，即便做了手术，也是不影响怀孕喂奶的，可没生过孩子的人，顾虑总会多些。

我将熟识的医生推荐给她，并按照医生叮嘱，嘱咐她一定想办法让老公随行。

老公一副别别扭扭的样子："自己生病自己去看，该掏钱的时候掏钱就行了，干吗一定要捎带上我？"

话虽这么说，还是半情不愿地跟去了。

看诊回来后，夫妻俩抱头大哭，并非闺密的病无药可治，实则因为医生指出了闺密久郁成疾的源头，使两人打开了心结，一时间情难自控。

原来这两年，闺密在单位混得风生水起，读博，出国，评职称，一路水涨船高。意气风发之时，回头看自己的老公还是一个本科生，公司任职久久不见升职涨薪迹象，便开始对他有诸多不满。

放下碗筷就玩手机，周末在家无所事事宅一天，两人每天对谈的话题只有三样：早餐吃什么？午餐吃什么？晚饭吃什么？

"一天到晚就知道吃和玩手机，有这工夫不如多放点心思在学习上，提升一下自己。"她曾不止一次跟我抱怨。

我说："可能他平时工作压力太大，回到家里只想放松一下吧。"

她说："都什么年代了，还只想着放松。现在这个年头，不进则退。夫妻俩如果不能共同进步，势均力敌，关系怎么可能长久？"

这些，她只跟我和少数几个好友说过，对老公只字未提。也就因为常生闷气，焦虑心急，年深月久，积郁成疾。

在医生的循循善诱下，闺密方才在老公面前道出久藏的心事。老公虽错愕，可妻子生病的源头到底在于自己，一时间自责、愧疚、疼惜、羞辱、愤怒，各种情绪交杂。

医生叮嘱闺密，珍惜眼前人，摒除过多妄念，不然华佗再世也治不好她。

闺密愤愤不平："这也叫妄念？势均力敌的爱情才能长久，公众号里的推文不都是这么说的吗？"

我说："你呀，都被这些毒鸡汤给害惨了。"

2 ///

本来，中国传统的婚姻配对，讲究的是门当户对。《太阳的后裔》韩风一吹，爱情就开始要势均力敌了。

所谓"势均力敌"，不过都是些量化的硬性指标：你升职，我就得加薪；你评职称，我就得提干；你考上博士，我就得读 MBA。再不济，也要跳槽去个名头更响的企业，起码说出来面子上更有光。

成语词典里，"势均力敌"常用来形容双方力量对等，不分高低。多用于战争、比赛、对立等矛盾冲突的双方。

也就是说，当你用"势均力敌"来形容你和一个人的关系的时候，你就自然而然将你和他置于了敌对的状态。

他成了你的敌人、对手，你们将要面临的，是一场你死我活的战斗。战争的结果只能有一人胜出。最好的结果也不过打个平手，两败俱伤。

我曾说过，婚姻是一场经久不息的战斗，随时都要准备着迎接挑战。

然而需要详细说明的是，婚姻所面临的挑战，可以是柴米油盐的琐碎，可以是当头棒喝的外遇，也可以是突如其来的变故，却不能是夫妻双方。

婚姻的本质是一场合作。爱人之间在面对外来的挑战时，应该是同仇敌忾的战友关系，而非敌前对阵的双方。

要求爱人跟你势均力敌，不就是要将爱人变成敌人，跟你去对抗吗？

我非常欣赏有好胜心的姑娘。她们身上永远有种说不出的活力和经久不衰的战斗力。在这个兵荒马乱的时代，只有秉持着好胜心的姑娘，才能在时代大潮中屹立不倒，熠熠生辉。

可是，好胜心不能用错了地方，用在爱人身上，更是大错特错。

好莱坞著名影星费雯·丽的情路就是最好的证明。

3 ///

费雯·丽是好莱坞电影史上最伟大的女明星之一。

她拥有惊世的容颜，像油画里走出的美人，摄人心魄。

江湖传闻里，丘吉尔在遇到她的时候，惊为天人，震惊得不敢上前。侍从提醒他，以他首相的身份，他完全可以过去与费雯·丽握手。他说："不用了。这是上帝的杰作，我看看就可以了。"

最高级的美，只可带着敬意远观，是这位伟人对费雯·丽的颜值最崇高的赞叹。

她在影片《乱世佳人》里演活了郝思嘉，将一个从养尊处优的傲娇小姐，成长为不择手段肩负起家庭重任的坚强女子的成长过程，演绎得严丝合缝，活灵活现。

许多影评家认为，《乱世佳人》之所以取得空前成功，应该归功于费雯·丽扮演的郝思嘉。没有费雯·丽，《乱世佳人》未必会如此成功。

凭借郝思嘉这一角色，费雯·丽从一个籍籍无名的小演员，一夜之间跻身为好莱坞最璀璨的明星，并获得第12届奥斯卡最佳女主角的殊荣。

人们毫不吝惜对她的溢美之词："她有如此美貌，根本不必有如此演技；她有如此演技，根本不必有如此美貌。"

她仿佛是为电影而生的，将自己活成了影片中的角色。

影评家评论，费雯·丽镜头感非常足。她永远知道观众在哪里，一个眼神，一个表情，都能在镜头前，通过细腻而自然的方式表达出来。

她是电影镜头的宠儿。

就连被称为"舞台王子"的劳伦斯·奥利弗，看到她的表演之后，也震惊了。

其实，远在两人认识的时候，奥利弗就惊叹于费雯·丽的表演才华。只是《乱世佳人》之前，费雯·丽在好莱坞还默默无闻。眼看着她的明星光环越来越大，几乎就要盖过自己当红的英伦偶像地位，奥利弗心里多少有些不平衡。

他主演的电影《呼啸山庄》几乎与《乱世佳人》同期上映，可所有人都将目光投向费雯·丽扮演的郝思嘉，令他妒意暗生。

有专业人士评论，奥利弗属于戏剧舞台。他在电影镜头前的表演痕迹过重，不像费雯·丽完全把镜头当成观众在表演。

据两人好友在人物专访中透露，费雯·丽被业界盛赞，不仅没让奥利弗感到自豪和骄傲，反倒更多的是忧郁和担心，甚至有点恼羞成怒。

婚后，奥利弗的这种隐忧逐渐明显。

凡两人所到之处，费雯·丽的粉丝远远比奥利弗的人数更多，热情更高。两人第一次公开以夫妻名义合作出演《汉密尔顿夫人》。以费雯·丽当时的地位，她的名字被排在奥利弗之前。

奥利弗故作淡定地问她："我们俩的结合，是应该以你为荣，还是以我为荣呢？"

她完全没有留意到他的微妙变化，笑得像个孩子，捧起他的脸说："当然是以你为荣，因为你更优秀。"

可这并不能平复他心里暗生的不安。于是，他对费雯·丽说："我们属于舞台。等这一阵子忙过之后，我带你去纽约，到戏剧舞台上出演《罗密欧与朱丽叶》，我要让你成为最好的朱丽叶。"

在他几乎将她视为电影事业上的某种威胁的时候，她却毫不犹豫地放弃了自己在电影上的成就，离开好莱坞，跟着他回到英国，全身心投入舞台戏剧表演。

每次演出海报上的排位，都是奥利弗在前，她在后。她也毫不介意。

只是，戏剧界并不像电影那样欢迎她。他们质疑她的演技，诟病她的声音，评论他们两人的合作简直糟得不能再糟。

跟他们合作过的女演员玛克欣·奥德利则给出了一个比较中肯的评述："我认为有一种说法很不公平。人们常常对拉里说：'你是世界上最伟大的演员'，而他们转身对费雯·丽说：'你是世界上最美丽的演员。'他们从来不说费雯·丽渴望听到的话：'你是世界上最伟大的演员。'她不是世界上最伟大的演员，但你很难说谁是。她以自己的方式美丽得惊天动地，取得的成就同样惊天动地。"

1945年，连续演出72场《唇亡齿寒》之后，费雯·丽筋疲力尽，不得不离开剧组。医生在她身上发现了结核菌。

她不得不放下表演事业，休养身体，他却在此期间开始征服伦敦戏剧界，并很快被授予爵士爵位。等到她终于复出，却再也没能达到丈夫所能企及的高度，只能生活在他的阴影之下。这对她而言是再痛苦不过的折磨。

与她共同参演《乱世佳人》的著名影星，奥利维亚·德·哈维兰曾说："由于她非常在乎拉里，所以她非成功不可。她想与他并驾齐驱，以保持对他的尊敬和爱慕。"

"最好的爱情必须势均力敌。"生活在20个世纪的费雯·丽，就已经因为这句爆款箴言中毒不浅。

她爱慕他，崇拜他，但她不想从属于他。她想跟他一样，成为一名伟大的演员，用同等的成就与他齐头并进。她认为，只有这样的自己才值得他爱，才配得上他的爱。

她努力纠正自己的嗓音，磨炼演技。为了表现得更好，一遍又一遍忘我地置身于各种角色之中。

这个时候的费雯·丽，眼里除了角色，恐怕就只剩下自己的丈夫奥利弗了。

她像崇拜偶像一样崇拜着他。宋美龄说，女人要崇拜才快乐。跟自己崇拜的男人在一起，做什么都是快乐的。她和蒋介石如是，她的二姐宋庆龄和孙中山如是，许广平和鲁迅也如是。

古今中外，崇拜自己老公的女子比比皆是，却并不是每个女子都能幸运地得到老公的疼惜。

以费雯·丽在大银幕上的才华和成就，她实在没有必要去崇拜他。在他在戏剧界熠熠生辉的同时，她完全可以在电影界闪闪发光，独得一片属于自己的天空。可她却选择了一个错误的领域，站在了错误的位置，以为只要努力就可以得到他的肯定和认同，却不承想，力道用到错误的地方，受伤害的只有自己。

她想与他势均力敌，他却总想压她一头，以树立自己的权威。

面对费雯·丽对自己的崇拜，他不仅没有半点怜惜之情，反而经常以在众人面前批评她的方式来打压她，令她丢尽颜面，脆弱而紧绷的神经渐趋崩溃。

她变得紧张，焦虑，情绪波动越来越频繁，前一秒极度兴奋，后一秒就情绪低落，常常乱摔东西，伤及无辜，被人目睹在后台歇斯底里地大吼大叫。事后，又完全不记得之前发生的事。

而他，也数不清自己有多少次在睡梦中，是被忽然砸过来的枕头给砸醒的。

如此一来，两人关系渐成剑拔弩张之势，直至如她所愿，呈现出势均力敌的两军对垒之势。

后来，他们才知道，费雯·丽是患了一种叫作"躁郁症"的病。

究其因由，两人的关系和相处模式，跟病情绝对有着一定的联系。

后来的她，虽然再次斩获一座奥斯卡最佳女主角奖杯，演技获得更多人认可，然而多年反复的疾病发作，将两人关系越推越远，直至名存实亡，以对方出轨而告终。

4 ///

在两人相伴相处的关系中，也许约翰·梅里韦尔给予她的启示会更多。

他比她小十几岁，与她在合作《复仇天使》时相识相知。

他懂得她的幽默感，陪她玩填字游戏，喜欢她喜欢的一切。

在她为前途未卜而焦虑的时候，在她登台演出的时候，在她面对离婚的悲痛的时候，在她孤独绝望的时候，他总是陪在她身边，寸步不离。

即便知道奥利弗在费雯·丽心中的位置是自己无法取代的，他依然向奥利弗保证，自己会为费雯·丽的命运负责。

这个在费雯·丽的生命即将凋谢才出现的男人，并没有建立什么丰功伟绩，就连在历史上留下名字，也仅仅是因为费雯·丽的关系。

以费雯·丽势均力敌的婚姻观，他实在距离她的实力太远太远，简直称得上不值一提。然而，就是这样一个没有任何实力的男人，在她生命的最后里程里，给了她最温暖的慰藉、陪伴和宽容。

她想势均力敌的爱人，终于跟她站到了不同的阵营，同时也远离了她所属的阵地。而这个只想爱她，呵护她的男人，却不离不弃，陪她走到了生命的最后。

5 ///

费雯·丽和我的闺密一样，都弄错了一件事：婚姻中的两个人，是一个整体，即便面对外来的"战役"，也应该同属一个阵营，共同抗敌。

想要维持一场幸福的婚姻，靠的不是双方旗鼓相当的实力，而是看两人有没有决心，并努力尝试着去成为彼此最适合的人。

因为婚姻归根到底是一场责任，是爱情的升华和归巢。能维护它的，只有两个人对爱情的忠诚和对婚姻的责任。

需要用实力去证明的东西，其结果总会伴随着当局一方的倒下。

爱人倒下，会是你愿意看到的结局吗？

势均力敌？还是留给硝烟弥漫的敌战双方吧。爱人之间，不合适。

在爱情与婚姻的论题中，我们常常绕不开"共同成长"这一话题。

一方青云直上，一方停滞不前，对于一段亲密关系而言，绝对是危险的信号。

但是，我们首先要分辨的是，所谓成长，到底是什么含义？

爱人的职位升至 CEO 了，我也要想办法进入他的公司，起码坐上 CFO 的位置才行。

如果你真这么想，你会变成第二个费雯·丽。

每个人都有自己擅长的专属领域，在自己领域里的进步，才能称之为成长。否则，就是鸠占鹊巢，逞强蛮干。

在自己的领域里，哪怕你是家庭主妇，做好收纳，布置好家居，整理好衣橱，时刻保持对世界的好奇心，开拓自己的眼界，那么你也是在成长的。

抛弃自己所擅长的，一味求与另一方齐头并进，有一个更为恰当的词，叫同行竞争。

如果你把爱人当成生意对手的话。

做有趣的事，跟有趣的人一起笑对人生

1 ///

姐姐姐夫携手相伴 20 年，大风大浪没经过，小磕小绊却是常有的事。

姐姐是个骄傲的人儿，一吵架，转个身，人就不见了踪影。

吵得正起劲，嘴瘾还没过够，人就溜了。姐夫气得直跺脚，跑到隔壁房间，拉开房门，被躲在门后的姐姐气结："每次都是门后面，每次都是这间房，你倒是换个地方啊！"

姐姐戳着手指头说："换了地方怕你找不到啊。"

有一次，姐姐终于换了个地方，跑到我这里来一顿吐槽。姐夫心急火燎地打电话来询问她的行踪，我悄声问姐姐："告不告诉他？"

姐姐说："让他自己找。"

刚挂上电话，姐姐就开始自言自语："每次都嫌我躲的地方没新意，这次让他见识见识什么叫有新意。"

结果不出一刻钟，姐夫便敲响了我家门。平日里驱车来我家，就算道路畅通，也至少是要花上四五十分钟的。

一进门，姐夫就伸出手要拉姐姐回去，姐姐疑惑地问他："你是怎么知道我在这儿的？"

姐夫无奈地扶额："我的姐哟，你就这么一个妹妹，除了这里，还能往哪里去？我一看你不在门后就直接奔出来了。干脆以后你还是躲回门后面去，省得害无关的人白白担心一场。"

我连忙摆摆手说："我不担心。我一点也不担心。"

他们这样的夫妻，总能给我平淡的生活带来无穷乐趣，我又哪来的担心呢？

送他们走后，我再也没忍住，靠着门板哈哈哈笑个不停。

这对老夫老妻，着实太有趣！

《围城》里赵辛楣曾说过："结婚以后的蜜月旅行是次序颠倒的，应该先共同旅行一个月。一个月舟车仆仆以后，双方还没有彼此看破，彼此厌恶，还没有吵嘴翻脸，还要维持原来的婚约，这种夫妇保证不会离婚。"

小说中的女人，命运多结束在举行婚礼的那一刻。无论是佳人还是公主的命运，在披上嫁衣的那一刻，都迎来了人生的高潮。可往往戛然一声，也终止于这一高潮。

然而现实中，"有趣"的事往往在婚后发生。所以，现在都流行寻找有趣的灵魂。

有趣，成了平淡生活的一剂"春药"。鸡毛蒜皮的婚姻生活里，跟一个有趣的人吵架，一地鸡毛都可以变成漫天飞雪的浪漫。

三毛曾在她的书里记录过她跟荷西吵架的趣事。

两人从小摊上买回一对裸体小人偶，放到书架上。

一天，两人吵完架，三毛发现荷西动了小人偶，将并排放好的小人变成面对面贴着。三毛觉得好笑，将小人摆回原位。

以后每次吵架，荷西都要动一动小人偶。吵的时候，将他们背靠背，和好后又让他们面对面贴着。两个无生命的小人偶，瞬间成了夫妻俩关系状态的象征，读来着实有趣。

有一天，荷西将女人偶仰天放倒，三毛一生气，把男人偶也放倒躺着。两只人偶变成脚对脚仰天躺着，谁也不理谁。几天过后再一瞧，已经变成头碰头趴在一起。

2 ///

蒋坦曾在《秋灯琐忆》中，回忆与妻子秋芙的往昔，点点滴滴都是生活情趣。

秋芙是蒋坦青梅竹马的表妹，从小定了娃娃亲，两人被隔绝不能相见。

他跟随父亲去表妹家拜年，进门看见一个小丫鬟搀扶一个美貌女子上车，惊鸿一瞥，和柔微笑，一时心神荡漾。后来才知道那女子便是他未来的妻子秋芙。

秋芙喜欢下棋，却又棋艺不精，每晚都要缠着他一起下棋，有时下到天明。

这晚，她又拉他下棋，赌注全输光了，还不肯罢休。他打趣她："簸钱、斗草你都输给我了，还准备拿什么来跟我赌呢？"

她不服气，摘下身上的玉虎，说："别以为我赢不了你，今天就用这玉虎来做赌注。"

眼看着这一局又要输，她开始耍赖，使唤怀里的小狗爬到棋盘上搅局，弄得他哭笑不得。

他笑说："你当自己杨贵妃啊？"

她嘿嘿一笑，粉嘟嘟的小脸在烛光的照耀下，像朵桃花一样盛放。

那年夏夜闷热，她约他去理安寺游玩。刚出门就听到雷声阵阵，狂风突起。车夫请求返城，可他游兴正起，偏要驱车前行。

还没到南屏山，天空已经乌云密布，黑云压顶。不一会儿工夫，闪电就像白练劈出，大雨倾盆。一行人躲到大松树下避雨，雨停后继续上路。

雨过天晴，沿路的景色都像水洗过一般，万木苍翠，鲜绿欲滴，别有一番景致，正可谓秀色可餐。两人边走边观赏一路的景致，颇感惬意，衣服都打湿了也浑然不觉。

细观两人的日常，处处都是小细节里透出的浪漫趣味和灵巧心思。

比如，他们会在夜里相约去荷花塘泛舟赏月，她怕他找不到她，沿路扔下瓜皮指路。

她还亲自下荷花池，采来新鲜莲子，做成莲子羹与他食用。莲子羹色泽清冽，清香无比，比起腥膻的大鱼大肉，那味道别提有多清爽。

赏月中途登岸，她在地上铺开一张凉席，拉着他坐下，一番闲话家常，竟不知不觉聊到深夜。

闲来无事的时候，她会把戎葵叶捣成汁，掺进云母粉，调成蔚绿色汁水，拖染诗笺。黑色的字映在淡绿的诗笺上，颇为赏心悦目。

她用这绿色诗笺为他抄录的《西湖百咏》，被朋友郭季虎一眼相中，拿回去珍藏，倍加爱惜。郭季虎后来为蒋坦题《秋林著书图》，还写道："诗成不用苔笺写，笑索兰闺手细抄。"

她有一幅月下抚琴的画像，他将它悬挂在房中，每天用沉香供着。

有一回回娘家，她打趣他说："你一个人空闺寂寞，长夜难眠，这幅小像就留下来陪你吧。你要有感恩之心，可别冷落了它，不然，美人要伤心的。"

她爱种芭蕉。芭蕉树长成时叶大成荫，雨打在芭蕉叶上，滴滴答答。

他是文人，心思敏感细腻，听得雨打芭蕉的声音，顿觉凄凉，于是，在芭蕉叶上抒发了一下赤子情怀："是谁多事种芭蕉，早也潇潇，晚也潇潇。"

第二天，芭蕉叶上多了几行："是君心绪太无聊，种了芭蕉，又怨芭蕉。"

字迹柔媚，显然是她的手笔，不禁令他感慨良多。

白岩松说："生活只有百分之五的精彩，百分之五的痛苦，另外百分之九十都是在平淡中度过。"

岁月是庸常的，比岁月更庸常的是我们对生活已经麻木的心。一个有趣的女人，往往可以用灵思巧艺，化庸常为有情，将生活过成诗。

3 ///

有时候，自己有趣是不够的，还需要一个像蒋坦这样懂得的人，才能相得益彰。否则，在一个没有情趣可言的木头人眼里，你的任何奇思妙想都掀不起波澜，任何精巧的心思都会变成惺惺作态。

王赓是陆小曼的第一任丈夫。

她嫁给他时，才刚 19 岁，面容清秀可人，身材婀娜多姿，正值最美好的青春年华。

他少年得志，被她母亲相中，便迅速成为陆家的乘龙快婿。

他学军事，行为刻板，性格粗枝大条，一心扑在工作上，对她"爱护有余，温情不足"。可她婚前已是出了名的爱玩，婚后闷在家里，一娶进门便被他晾在一边。

有时夫妻俩一同出门应酬，他就像个保镖一样站在一旁，什么都不说，什么也不做。弄得她反而没法自由自在地和朋友谈笑风生。

她常说，"王赓是木头人！""王赓的眼前只有仕途和升官。"

磊庵在《徐志摩与陆小曼艳史》中也提道："谁知这位多才多艺的新郎，虽然学贯中西，对于女人的应付，却完全是一个门外汉。他自娶到了这一如花似玉的漂亮太太，还是一天到晚手不释卷，并不分些工夫去温存温存，使她感到满足。"

这样的生活令她感到索然无味，于是经常出入交际场合，直至深夜才归。

在一个偶然的机会，她遇见了徐志摩。

一个是风度翩翩的才子，一个是情意绵绵的淑女，金风玉露一相逢。两人在舞池里尽情地跳啊跳啊，跳出了爱情的火花。从此，徐志摩就成了她的座上宾，频繁出入王家。

他每每专注于工作，她想玩时，他就说："我没空，叫志摩陪你玩吧。"

徐志摩来约他们夫妻外出，他就说："我今天很忙，叫小曼去陪你玩吧。"

如此一来二去，为他们二人创造了不少机会，才使得陆小曼最终决定离开他。

某种程度上可以说，是王赓的不解风情，将陆小曼生生推给了徐志摩。

4 ///

陈芸就比较幸运，自己拥有有趣的灵魂不说，还有一个懂得她玲珑剔透心的沈复，疼她，惜她，将她好好珍藏。

沈复将他与芸娘的诸般往事写成《浮生六记》。林语堂为其作序时，盛赞芸娘是"中国文学中最可爱的女人"。

跟蒋坦和秋芙一样，沈复与芸娘也是两小无猜的青梅竹马。

无独有偶，芸娘也跟秋芙一样，兰心蕙质，七窍玲珑。

沈复的衣服鞋袜，都由她亲手缝制。颜色素净淡雅，家里穿舒服，出门穿体面。

她还将茶叶塞进小沙袋，晚上放进荷花心里，第二天清晨再取出来，用泉水冲泡。

揭开茶盖，轻轻拨弄碗中的茶水，茶香中伴着荷香，环绕鼻间，久久不曾散去，真是沁人心脾。

两人一同赏荷，夏日荷池里接天莲叶无穷碧，映日荷花别样红，一番盛景，无人不叹，他却觉得，荷花菡萏再美，也美不过他身边的美人。

世上最幸福的事莫过于，我有玲珑心，恰巧你也用了情。我那小女儿的闲情逸趣，便能焕发出新的意趣。

他们一起饮酒作乐，赏花品月，谈古论今。她灵动的倩影后，总有他相伴相随。

朋友邀请他去庙会，她也想去，碍于自己是女儿身，不由叹息道："可惜我不是男子，去不了啊。"

他说："穿上我的衣服，戴上我的帽子，就可以了呀。"

她一听，大喜过望，画上粗粗的眉毛，将发髻改成辫子，戴上他的帽子，穿上他的衣服，束紧腰带，瞒着家中长辈，跟着他偷偷上街了。

玩了许久，一直没人认出她是女子。有人问起，他就说这是他的表弟，引得一旁的她嬉笑连连。

她爱吃臭腐乳、虾卤瓜，偏这两样东西都是他平生最厌恶的。

她不管，偏要夹起卤瓜，强行往他嘴里塞。

他捏着鼻子咀嚼，觉得清脆爽口，又放开鼻子嚼，竟然觉得味道还不错。从此他也入了卤瓜的坑。

他感叹道，这些东西，刚开始不喜欢，现在竟然也喜欢吃了，真是奇怪。

她笑着说，情之所钟，虽丑不嫌嘛！

真是一语道破其中深意。原来，他的包容和迁就，她也是懂的。

他为人直爽，不拘礼节，见她处处恭谨，指责她"礼多必诈"。

她说："我这叫恭敬有礼，怎么偏说我虚情假意呢？"

他说："恭敬放在心上就可以了，不在这些繁文缛节上。"

她说："世上最亲的人莫过于父母，难道对他们也要把恭敬藏在心里，表面上却狂妄放肆吗？"

这话颇有道理，他一时有愧，忙说自己不过是开个玩笑。

谁知，她很严肃地对他说："人世间多少夫妻反目争吵，都是由玩笑引起的。以后不准你随便冤枉我，否则我会郁闷死！"

谁都会有短板，感情再深也经不起误会和曲解。她想要的是个可以完全懂她，与她心有灵犀的男子。他明白了，忙将她揽入怀中，好一阵安慰。

夫妻俩形影不离，举案齐眉二十三年，几乎没红过眼。可惜她也跟秋芙一样，红颜薄命，染病逝世，终究未能与有情人携手走到最后。

他后来说，"来世卿当做男，我为女子相从"。有了今生，还盼来世。如此深情，哪怕是三生三世的情缘，恐怕也不够啊！

芸娘活泼灵动，用一颗七窍玲珑心将生活过成了自己想要的样子，不得不令人佩服。

然而更难得的是，沈复从不拿传统礼教约束于她，反而助她为乐，对她的疼惜可见一斑。

如果说芸娘的有趣是将沈复带进了如诗般的生活，那么沈复的有趣就是懂得她的有趣，并将她的有趣生生糅进了自己的生命。

如此佳人难得，如此良人更是举世稀有。

有趣的女人，心是有温度的，所以，可以对这个世界温柔以待，将平淡的生活过成诗。

　　而这样的女人，更需要有一个有趣的男人，来给她远方。

　　王小波说，好看的脸孔太多，有趣的灵魂太少。

　　容颜会老去，人心会蜕变，只有生活的不易会保持一成不变，这是极其考验人的耐心的。

　　一个有趣的女子，不一定要阅历丰富，但她的心一定是丰富的；她不一定要博闻多识，但她的心一定是宽广的；她不一定会吟诗作对，但她的心一定是诗情画意的。

　　有趣，来自生活中的仪式感。

　　小王子在驯养狐狸后去看望它。狐狸说："你每天最好在相同的时间来，比如说，你下午四点钟来，那么从三点钟起，我就开始感到幸福。时间越临近，我就越感到幸福。到了四点钟的时候，我就会坐立不安；我就会发现幸福的代价。但是，如果你随便什么时候来，我就不知道在什么时候该准备好我的心情……应当有一定的仪式。"

　　仪式是什么？

　　仪式是用番茄做汤之前，用滚烫的开水汆烫果皮，剥去薄衣后，将番茄炒出浓郁的汤汁；是在盛进碗的排骨汤里，洒下一把绿莹莹的葱花；是在窗台守望爱人回家时，为他降下电梯，省去他的苦苦等候；是在他进家门前，为他摆放好拖鞋，在他进屋的那一刻，冷不丁地献上一个吻。

狐狸说："它就是使某一天与其他日子不同，使某一时刻与其他时刻不同。"